"数据标注"人才培养系列丛书

数据标注实训

- ◆ 组　编　　辽宁盘石数据科技有限公司
- ◆ 主　编　　王会珍　郑　爽
- ◆ 副主编　　马安香　张熠天

初级

U0218087

電子工業出版社·

Publishing House of Electronics Industry

北京·BEIJING

内 容 简 介

本书是一本专门面向数据标注人才培养的实训教材，适用于有意从事人工智能训练师和数据标注工作的人员。为使学习更具有针对性，本书特别选择了能代表行业普遍需求的典型文本、语音和图像标注任务进行讲解及训练，辅助学习者快速地完成系统化学习，进行标注实战工作。

本书对文本的分类标注和实体标注、语音的转写和校对以及图像的 2D 拉框任务进行逐一讲解和分析，每种标注类型均配有对应的规范、举例分析、习题及解析。同时，本书还针对各类标注配套了多种子任务类型或多个领域的实操练习题，目的是帮助标注学习者增长见识，从而实现系统、完整的标注学习和实战练习。

图书在版编目（CIP）数据

数据标注实训：初级 / 王会珍，郑爽主编. —北京：电子工业出版社，2022.8

ISBN 978-7-121-44153-0

Ⅰ. ①数⋯ Ⅱ. ①王⋯ ②郑⋯ Ⅲ. ①数据处理Ⅳ. ①TP274

中国版本图书馆 CIP 数据核字（2022）第 151358 号

责任编辑：杨　波
印　　刷：北京天宇星印刷厂
装　　订：北京天宇星印刷厂
出版发行：电子工业出版社
　　　　　北京市海淀区万寿路 173 信箱　邮编　100036
开　　本：787×1 092　1/16　印张：11　字数：193.6 千字
版　　次：2022 年 8 月第 1 版
印　　次：2025 年 2 月第 5 次印刷
定　　价：88.00 元

序

目前，我们正经历人工智能的第三次浪潮，机器学习大行其道。机器学习的发展和进步主要依赖算法和数据。如今，算法基本相同，数据的作用尤其突出。这里所说的数据是指机器学习用的带标数据，这种带标数据是通过数据标注的过程获得的。

数据标注是被人工智能催生出来的新兴职业，对人工智能的实现至关重要，也因人工智能技术落地的大量需求而进入从业者的视野。近几年，在数据标注的助力下，人工智能的应用场景不断落地，让大家享受到了人工智能的便利。

人工智能变得越来越聪明，数据标注行业面临的挑战也越来越大，这种挑战主要体现在两个方面。一是数据标注的质量要求越来越高：人工智能正在经历着从 1 到 2 的发展过程，需要更多高质量的带标数据支撑，人工智能发展初期阶段的准确率已无法满足当今人工智能技术发展的需求。二是数据标注任务的难度越来越高：随着人工智能技术的日趋成熟，人工智能任务的难度不断提高，数据标注的难度也不断提高。

这些都对数据标注人员提出了更高的要求，一方面要求数据标注工作更加细致，另一方面也要求数据标注人员具有更高的素质。基于这种趋势，数据标注人员想在数据标注行业取得持续性发展，就要不断提高自身的能力和素质，向专业化方向发展。

事在人为，业以人兴。数据标注乃至人工智能行业的发展关键在于专业人才的培养。

在未来几十年，数据标注会伴随着人工智能需求的不断提高而不断发展、精进。我相信会有更多的年轻人愿意加入数据标注行业，享受学习的复利与时代的红利，也相信这本"数据标注"实训教材能为他们的职业生涯助一臂之力，为求知者打开一扇新领域的大门。我期待这套教材的读者将来会用自己卓越的数据标注技能让计算机及智能设备给人类提供更丰富的智能服务。

中国中文信息学会名誉理事长

哈尔滨工业大学教授

李生

2022 年 7 月

前　言

　　近年来，人工智能技术飞速发展，使得种类繁多的智能应用落地，进入大众的视野。在这之前人工智能的概念早已被提出，但大多数都只存在于理论层面，而数据标注行业的崛起却成了人工智能技术加速落地的关键因素之一。因此，无论是从企业层面还是政府层面，如今对于数据标注的重视程度都有明显的提升，纷纷加大了相应的投入和扶持力度。

　　2020 年 2 月，人力资源和社会保障部与国家市场监督管理总局、国家统计局联合发布《人力资源社会保障部办公厅 市场监管总局办公厅 统计局办公室关于发布智能制造工程技术人员等职业信息的通知》（人社厅发〔2020〕17 号），明确将人工智能训练师纳入新增职业，同时再次明确，其工种包括但不限于数据标注员和人工智能算法测试员。

　　由于人工智能行业对数据标注需求的激增，从事数据标注工作人员的数量出现了空前的增长。目前，我国从事数据标注工作的专职人员数量已经超过了 20 万，兼职人员不计其数。在未来 5 ~ 10 年里，伴随着人工智能技术的发展，数据标注行业的规模将呈现几何式增长。对于人工智能行业来说，数据标注员可谓是供不应求，而数据标注，作为近年来新兴发展的职业之一，正以茁壮的势头蓬勃发展。

　　然而，由于数据标注行业尚处于起步发展阶段，行业内如今缺少相应的资格评定，标注人员均处于无证从业的状态，缺乏规范的管理，也没有系统的人才培养体系。众多数据标注员业务能力水平参差不齐，院校内也鲜有系统化的数据标注员培养课程，严重制约了行业发展。

　　本书是一本专门面向数据标注人才培养的实训教材，适用于有意从事人工智能训练师和数据标注工作的人员。为使学习更具有针对性，本书特别选择了能代表行业普遍需求的典型文本、语音和图像标注任务进行讲解及训练，辅助学习者快速地完成系统化学习，进行标注实战工作。

本书对文本的分类标注和实体标注、语音的转写和校对以及图像的 2D 拉框任务进行逐一讲解和分析，每种标注类型均配有对应的规范、举例分析、习题及解析。同时，本书还针对各类标注任务配套了多种子任务类型或多个领域的实操练习题，目的是帮助标注学习者增长见识，从而实现系统、完整的标注学习和实战练习。

由于编者水平有限，疏漏之处在所难免，欢迎读者提出宝贵意见。如有建议，请发送至邮箱 business@panshidata.com。

编　者

目 录

第 ① 章

数据标注概述

近年来，随着科技的高速发展与进步，人工智能（Artificial Intelligence，AI）技术研究与应用日渐成熟。人工智能真正被世人所知还是在 2016—2017 年。2016 年和 2017 年，Google 公司开发的 AlphaGo 围棋机器人分别与世界冠军李世石和柯洁对弈并取得胜利，这一结果震惊了世界。AlphaGo 取得的胜利表明，通过深度学习实现的人工智能是有可能超越人类的，甚至可以说，这一超越在某些方面正在或已经实现。此后，人工智能研究的热潮高居不下，国内人工智能研究的浪潮也因此被引爆。

2020 年，我国提出"加快新型基础设施建设进度"的口号。人工智能被作为"新基建"七大领域之一，将为经济增长提供新动力。而数据标注作为人工智能的基石也成为人工智能产业落地的关键因素，为"智慧应用、万物连接"落地打下坚实基础并发挥着重要作用。

数据标注为何在人工智能产业落地中占据如此重要的地位？简而言之，人工智能要解决的是机器学习的问题，其根本是模仿人类学习，将人类学习的过程赋予机器，再通过机器学习，让机器能够展现人类智慧，增强人类智能，这就需要对机器的算法模型进行训练。在人工智能训练中，零乱不成体系的原始数据并不能直接为算法模型所识别和使用，而是需要经过一定的处理和加工变成结构化数据后才能为人工智能提供基础支撑。

1.1 什么是数据标注

　　人工智能训练的过程好比人类成长的认知过程，人类从呱呱坠地开始即处于不断地主动或被动学习和认知中。当我们出生的时候，对这个世界是一无所知的。在成长过程中，身边人会不断地告诉我们这是什么，就这样随着反复的学习和强化，我们开始有了认知，开始会叫爸爸、妈妈，开始认识颜色、小猫、小狗、汽车、飞机，并随着学习过程的深入变得更加聪明。

　　机器学习的过程也是如此。例如，我们想让机器来认识汽车，应该怎么办呢？首先我们需要知道的是，机器本身并不具备如人类一样的认知和思考能力，因此当我们把汽车图片展示给它的时候，它显然不知道这张图片代表着什么。所以，我们要将机器当成孩子，像教孩子一样地告诉它什么样的物体是汽车。我们首先会拿来各式各样大量的汽车图片，并在图片上加标记之后将这些图片数据"喂"给计算机，告诉它这是汽车，并让它认知不同颜色、形状、大小以及不同品牌的汽车。在计算机了解了大量的汽车特征后，我们再随机挑选一张汽车图片，它就会识别出这是汽车，甚至在我们拿着一张别的汽车图片来给它的时候，它也能认出这是汽车。

　　上述机器识别汽车的结果就是人工智能训练的结果，这一过程也是从人工到智能的过程。人工智能并不是与生俱来的，它是要靠人工去辅助智能来实现的，因此人工智能包括人工和智能两部分。智能的核心主要是算法模型，而人工的核心则是数据标注。算法模型经过对大量带标数据的学习之后，便具备了举一反三的认知能力。相应地，上述给汽车图片添加标记的过程就是数据标注。

　　如果要给数据标注下个定义，那么数据标注便可以从狭义和广义两个角度来理解。狭义的数据标注是指随人工智能崛起而产生的一种新兴职业，是专门为人工智能模型训练提供训练数据的服务。在此过程中，需要通过某些工具或手段人为地为图片、视频、语音和文本数据添加分类、画框、注释等，例如为

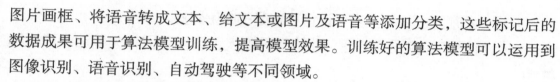

图片画框、将语音转成文本、给文本或图片及语音等添加分类，这些标记后的数据成果可用于算法模型训练，提高模型效果。训练好的算法模型可以运用到图像识别、语音识别、自动驾驶等不同领域。

如今，随着产业发展，数据标注已经被赋予了更多使命，也逐渐包含了更广泛的任务类型。广义来讲，数据标注是指一切与数据加工有关的服务，包括数据清洗、格式调整、识别、整理、形式转换等。

数据标注的起源可以追溯到 2007 年，这一年斯坦福大学的李飞飞教授等人启动了 ImageNet 项目。这是一个依靠亚马逊劳务众包平台进行图片分类和标注的项目，目的是积累更好的数据集为机器学习算法提供服务。

自 2010 年起，ImageNet 项目每年都会组织一次视觉识别挑战赛。随着历年挑战赛的举办，各参赛团队的分类错误率逐年下降，这也为数据标注积累了大量的经验和人才。

1.2 数据标注的行业现状

AI 时代，人工智能行业进入了前所未有的高速发展阶段，数据标注作为人工智能的基础服务行业，自 2016 年起，也开始了蓬勃的发展。目前，国内的标注公司数量已达到一千多家，数据标注从业人员达到 20 多万人。行业内外各方面对于数据标注这一基础服务行业的重视程度都在不断提高，政策层面也是如此。

1.2.1 政策层面

2020 年 2 月，人力资源和社会保障部与国家市场监督管理总局、国家统计局联合发布《人力资源社会保障部办公厅 市场监管总局办公厅 统计局办公室关于发布智能制造工程技术人员等职业信息的通知》（人社厅发〔2020〕17 号）（以下称为"通知"），新增"人工智能训练师"这一职业，将其职责描述为：

- 标注和加工图片、文字、语音等业务的原始数据。
- 分析提炼专业领域特征，训练和评测人工智能产品相关算法、功能和性能。
- 设计人工智能产品的交互流程和应用解决方案。
- 监控、分析、管理人工智能产品应用数据。
- 调整、优化人工智能产品参数和配置。

通知明确规定，人工智能训练的职业工种包括但不限于：数据标注员和人工智能算法测试员。自此，在人工智能行业默默付出了十几年的标注从业者们，有了一个统一的职业名称——人工智能训练师，新增职业信息的通知如图1-1所示。

人力资源社会保障部办公厅 市场监管总局办公厅 统计局办公室关于发布智能制造工程技术人员等职业信息的通知

人社厅发〔2020〕17号

各省、自治区、直辖市及新疆生产建设兵团人力资源社会保障厅（局）、市场监管局、统计局，国务院各部委、各直属机构、各中央企业、有关社会组织人事劳动保障工作机构，中央军委政治工作部兵员和文职人员局：

根据《中华人民共和国劳动法》有关规定，为贯彻落实《国务院关于推行终身职业技能培训制度的意见》提出的"紧跟新技术、新业态发展变化，建立职业分类动态调整机制，加快职业标准开发工作"要求，加快构建与国际接轨、符合我国国情的现代职业分类体系，我们面向社会持续公开征集新职业信息。经专家评估论证、公示征求意见等程序，目前遴选确定了智能制造工程技术人员等16个新职业信息，调整变更了11个职业信息，现予发布。

人力资源社会保障部办公厅
市场监管总局办公厅
统计局办公室
2020年2月25日

（七）4-04-05-05 人工智能训练师

定义：使用智能训练软件，在人工智能产品实际使用过程中进行数据库管理、算法参数设置、人机交互设计、性能测试跟踪及其他辅助作业的人员。

主要工作任务：

1.标注和加工图片、文字、语音等业务的原始数据；
2.分析提炼专业领域特征，训练和评测人工智能产品相关算法、功能和性能；
3.设计人工智能产品的交互流程和应用解决方案；
4.监控、分析、管理人工智能产品应用数据；
5.调整、优化人工智产品参数和配置。

本职业包含但不限于下列工种：
数据标注员 人工智能算法测试员

图1-1　新增职业信息的通知

2017年7月，国务院发布了《新一代人工智能发展规划》，其中也做出了相应规划，预计到2025年，人工智能核心产业规模超过4000亿元，同时提出要大力带动数据标注、电子等相关产业的发展。这也预示了数据标注行业不断发展的趋势，这种巨大的投入和市场规模，带来的必然是大量数据标注人才的需求。

◈ 1.2.2 行业需求

据2020年艾瑞咨询《中国AI基础数据服务行业发展报告》显示，2019年，中国AI基础数据服务行业市场规模达到30.9亿元，预计到2025年，市场规模将突破 100 亿元，年均增长率 21.8%。其中，图像类、语音类、自然语言处理（Natural Language Processing，NLP）类数据需求占比分别为 49.7%、39.1%和 11.2%。在 2021 年艾瑞咨询的更新报告中显示，2020 年中国 AI 基础数据服务行业市场规模达到 37 亿元，同时到 2025 年的预测市场规模为 107 亿元，与之前报告的预测值相比增加了近 6 亿元。从 2020 年的需求分布来看，图像类、语音类、自然语言处理类数据需求占比分别为 45.3%、43.5%和 11.2%。由此可以看出，图像和语音标注仍然占据大部分市场，2020 年与 2021 年中国 AI 基础数据服务行业市场规模预测对比如图 1-2 所示。

图 1-2　2020 年与 2021 年中国 AI 基础数据服务行业市场规模预测对比

目前，各行各业对人工智能算法研发的投入都在增大，而监督和半监督的学习方式在达到强人工智能阶段之前，将一直占据主流地位。从一定意义上也可以说，数据标注在相当长一段时间内仍将是人工智能技术不可逾越的一个环节。而且，由于人工智能技术要迫切地在行业落地，其对于模型指标增长的需求将迫使数据标注的需求量倍增。

从标注任务的形式和难度来说，随着人工智能技术的发展，数据标注已不再是最初的画框打点那样简单，而是要满足智能模型训练的更多需求。数据标注从开始的简易标注，已经开始向复杂、多样化的标注方向发展。以导航为例，过去的导航只是 2D 平面的形式，现在不仅有 2D 模式，还有空间上的 3D 导航模式。

行业对数据标注人员的要求也和过去有着很大的区别。相比以前门槛低、技术要求低、岗前培训的宽松要求，现阶段对数据标注人员开始有了专业、学历和学习能力的要求。而且部分标注项目对专业性有着相当高的要求，例如医疗、金融等行业标注项目。伴随着市场需求的持续增长，数据标注行业对从业人员有了更加细致地划分，标注专员、标注组长等岗位开始为人们所熟知。由于行业应用越来越深入，行业对于数据标注人员的能力水平要求也越来越高，高级的数据标注人员会逐渐向人工智能训练师的方向进行转型和发展。

从行业内需来看，近年来各行各业都逐渐有了标注需求，数据标注的工作量也随之增大，行业内越来越需要更高效、更完善的标注工具来辅助数据标注人员完成任务。现如今市面上标注工具和标注平台有很多，从任务实施角度来说，基本上也可满足数据标注工作的需求，但还需进行规范化和专业化。

1.2.3 行业发展

起初，数据服务企业通常是利用网络爬虫等工具进行数据采集，然后将数据封装打包卖给其他企业。这一阶段中，通用的数据产品基本能满足客户的大部分需求。

随着人工智能技术的发展，数据需求也随之转向定制化。AI 对数据的要求非常高，数据的精准性会影响 AI 算法模型的运行及使用效果。从 2016 年起，一些 AI 数据标注众包服务平台慢慢发展起来，其中具有代表性的就是亚马逊劳务众包平台（Amazon Mechanical Turk，MTurk）。MTurk 作为国外最大的劳务众包平台，每天都有大量的人员在线进行数据采集和标注工作。

在中国，人工智能的发展起步较晚，大约在 2017 年进入研究的爆发阶段。大量的科技公司也开始研发各种各样的移动 App，利用 AI 技术来实现人机交互。

随着标注需求日益凸显，各大互联网巨头企业率先占领了国内数据服务市场，纷纷建立标注平台、标注基地。一时间，数据标注行业宛如一夜春风吹过，遍地开花。目前，随着人工智能应用的发展越来越成熟，其也反过来对数据标注行业起到了更明显的指导和促进作用。目前，数据标注市场上呈现出一种发展趋势，即开发智能标注产品，通过提供少量的人工标注数据作为基础，由机器自动对待标注数据进行大规模标注。但通过此方式得出的标注结果依然是无法与人工标注的质量相比的，也无法用于高要求的训练任务，但依然能够在一定程度上辅助和加快数据标注进程。

随着数据标注行业的发展，从事数据标注服务的公司和人员数量都在大规模增长，数据需求大量呈现，标注也更加多样化、复杂化和精细化，这给数据标注行业带来了极大的生机。但在行业向前发展的同时，也呈现出一些问题，例如，由于数据标注人员水平参差不齐，众包模式下的数据质量良莠不一；整个数据标注行业缺乏统一的标准和规范，行业发展没有依据；特别是强人工智能的发展趋势和需求已对数据标注这份工作提出了更高的要求，仅能简单标注的数据标注人员已无法满足人工智能的更高要求。目前，高素质人才稀缺，供给侧业务水平远远赶不上需求侧的要求，导致大量的高标准标注项目无法完成，数据标注已经到了必须向高精尖、专业化方向发展的阶段，所以行业内急需经过专业培训和教育、具备职业素养的人才。

1.2.4 市场结构

随着人工智能对数据标注需求的演变及标注行业的发展，数据标注市场上衍生出了三种市场结构，即众包结构、工厂结构和众包+工厂结构。

（一）众包结构

众包结构是数据标注市场上最早兴起的一种结构，需求公司通过众包平台发布标注需求，数量众多的标注志愿者或兼职人员在平台上自由领取标注任务。

众包结构的优点是充分利用了大量社会兼职人员的业余时间、最大限度地节省了公司在标注成本上的损耗。但这种结构也有着明显的弊端，众多分散的数据标注人员共同实施同一个大型的标注项目，由于人员能力和水平参差不齐，经常需要进行有效沟通，而由于人员庞杂和时空限制，这种有效沟通往往需要花费很大的力气才能实现，这对于质量管理来说是极大的障碍；此外，由于众包平台上人员混杂，接触数据的人员众多，极不利于数据的安全保密；而

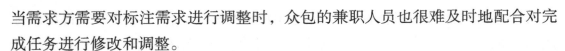

当需求方需要对标注需求进行调整时，众包的兼职人员也很难及时地配合对完成任务进行修改和调整。

一些众包平台已经意识到这种局限性，开始通过各种方式对平台上的数据标注质量进行把控。例如，对标注人员进行测评和考核，设置专门的质检人员等，通过淘汰的方式提高平台内数据标注人员的工作能力，这在一定意义上也可以被认为是行业开始进步的表现。

（二）工厂结构

数据标注市场上的第二种市场结构是工厂结构，需求方或服务方成立专门的数据标注公司，拥有专职的数据标注人员。相较于众包结构，工厂结构有着稳定的、专业的数据标注人员，针对项目能够实现有效地交流沟通，且沟通成本低；从标注实施效果来看，工厂结构由于人力稳定，也更能够保证进度和质量；从安全保密性上来看，工厂结构的数据传递过程也都可追溯，减少了数据泄露的可能性。

但工厂结构同样存在缺点，即全职人员成本高，如无长期稳定的项目很难保证公司的可持续发展。这正是很多标注公司主要接收长期的大型项目，而不愿意涉猎短期的小型项目的原因，因为短期的小型项目在初期的培训测试阶段，成本极高，项目额度过小则无法覆盖成本。当然，市场上有些小型公司为了生存也会选择接收短期的小型项目，但当标注量突然增大时，小公司的标注能力又难以应付，显得捉襟见肘。

现阶段工厂结构两极化现象十分严重，大规模的数据标注团队的人数可能超过数千人，而小规模团队的人数甚至不到 10 人。目前，市场上大规模的专业数据标注公司不在少数。

（三）众包+工厂结构

数据标注的市场结构不仅仅是以上两种，也有一些企业将众包结构和工厂结构进行融合，方便对不同规模的项目进行灵活的部署。这就是众包+工厂结构的混合形式的市场结构，这种结构的标注服务公司通常不仅有属于自己的全职及兼职标注团队，同时还拥有众包平台。这种结构在一定程度上控制了成本，也保证了标注的质量和进度，但对于数据安全仍然是无法保证的。

由此可见，在标注市场中，无论采用哪种结构，都具有优点和缺点，而众包+工厂相结合的形式能否成为数据标注行业在未来的主流形式，还需要市场的检验。但无论采用哪种形式，都要优先确保标注的准确性、进度及数据安全性。是否具备这三方面的能力也将是未来标注服务企业在市场上能否具有竞争力并占据优势的关键。

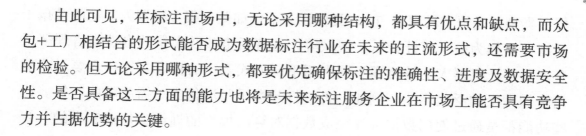

1.3　数据标注的应用场景

生活中我们可能并不了解数据标注，也不清楚数据标注有哪些相关应用。其实，数据标注本身并没有直接的应用场景，它的应用价值更多是体现在通过带标数据训练后的人工智能技术上。对于人工智能而言，数据标注可谓是如影随形。尤其是在高度智能化的生活中，以数据标注为重要支撑的人工智能成果已得到广泛的应用。

1.3.1　智能教育

"互联网+"大潮过后，"智能+"的概念逐渐深入到各大领域，成为推动各行各业发展的新动能，也对人们的生产和生活方式产生了深远的影响。教育这一关乎"国计民生"的行业更是率先垂范，力求在各环节实现智能化。

现如今，各类智能教育产品不仅极大地缓解了家长对于孩子学习辅导的压力，也减轻了教育机构在教学实施和管理方面的负担，让教学过程更加可追溯可控。在智能教育的实现过程中，数据标注可谓是起到了至关重要的作用。首先，以教育陪伴机器人为例，这一产品让很多儿童对学习产生了浓厚的兴趣。孩子们通过与教育陪伴机器人的对话和互动，在不知不觉间就获得了快乐和知识。在这背后，是数据标注的功劳。教育陪伴机器人所具备的语音及对话功能是需要通过语音识别及语音合成技术来实现的，与之相对应的标注类型就是语音转写及 TTS 类标注。不仅如此，很多机器人还能听懂孩子的指令，如为孩子打开音乐、视频等，这背后也涉及大量的自然语言理解任务。为了让机器人能够听懂不同人用不同方式表达的指令，往往需要对唤醒指令做大量的泛化标注，例如，将"打开音乐"泛化成"播放歌曲"等。这些功能都是通过使用数据标注完成数据对算法模型的训练，从而实现的。智能教育陪伴机器人应用场景如图 1-3 所示。

图 1-3　智能教育陪伴机器人应用场景

比较常见的智能教育场景还有英语口语发音训练及自动化口语评测服务，这些应用或产品通过语音识别技术营造了沉浸式的学习环境，并通过人机对话的互动方式让学习者实现了听、说、读、写等方面的学习。英语口语发音训练应用场景如图 1-4 所示。此外，在这些场景的实现过程中，会涉及更多的标注内容。例如，英语口语发音训练需要通过大量的语音标注来实现声纹识别功能。同时，课程内容的管控需要大量的暴恐敏感信息过滤，招生营销也需要完成大量的智能外呼、语音质检、人脸融合等标注。

图 1-4　英语口语发音训练应用场景

总之，智能教育的应用场景还有很多，而智能教学设计和数字平台等也正在利用人工智能技术帮助更多的学生弥补短板。在人工智能和机器学习改变教育形式的道路上，数据标注及内容审核将成为永远不可或缺的一环。

1.3.2 智慧医疗

随着经济发展和人民生活水平的提高，人们对医疗服务形式及时效性等方面的需求也更加多样化。然而，多种复杂因素的影响致使医疗领域长期面临着资源不足、地区分布失衡、优质医生短缺等问题。智慧医疗的出现恰好完美地解决了这一问题，人工智能辅助诊断、智能客服、智能自诊等不仅有效地缓解了医疗资源短缺带来的压力，也提升了患者的就诊体验。

人工智能与医疗行业的结合主要体现在医疗影像诊断及远程问诊方面。随着医疗技术的发展，医疗影像已逐渐由辅助检查手段发展成为重要的诊查方式。传统模式下，医疗影像主要是由医生肉眼读取并以此为依据进行诊断的。但肉眼诊查的模式速度缓慢且耗时长，而且这种诊查模式完全依赖于医生的个人经验和能力，对专业人才的需求量极大。AI 图像识别技术的出现可谓是为医疗诊断带来了福音。通过图像识别技术，可以对影像进行自动比对，可完成病灶的自动识别，从而更快地完成诊断。利用图像自动识别技术能提高诊断效率，还体现在 AI 图像识别的抗疲劳性能上。AI 图像识别技术主要靠机器完成，可 24 小时不间断诊断，且每秒处理的图像成千上万张，甚至更快，这一点也能大大提高效率。与高效率相比，更有价值的是图像自动识别技术还能发现肉眼看不到的病灶，能够帮助疑似患者诊断，从而避免漏诊状况的发生并为患者赢得最佳治疗时机。

图像识别技术之所以能够得到成功的应用，其背后离不开数据标注的支持。图像识别技术能够在医疗领域发挥作用主要依托于图像识别算法模型。模型并非是天生就能够实现图像识别的，而是要通过训练才能获得这一能力，而训练模型所用的原材料是标注后的数据。一个图像识别模型的训练需要大量带标数据的支持，就医疗影像识别而言，病灶标注、骨骼关键点标注、器官标注、细胞标注等都是常见的标注类型。医疗影像标注应用场景如图 1-5 所示。

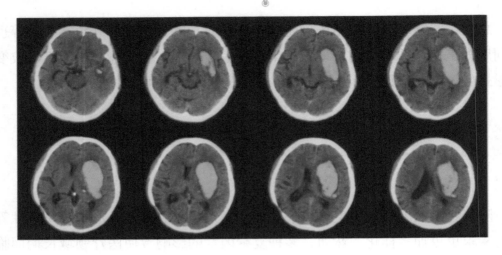

图 1-5 医疗影像标注应用场景

　　智慧医疗的另一种成功应用是远程问诊。远程问诊在医学专家与患者之间建立起全新的联系，能使患者得到及时、有效地治疗，也避免了患者寻医问药时的劳苦奔波。在远程问诊场景下，患者能通过问诊 App 或智能客服完成自我诊断。输入症状后，智能自诊可对文本进行语义理解和分析，从文本中抽取出关键信息并与数据库进行比对，从而实现病症信息的精准匹配，进而给出诊断结果。此外，医生在远程诊断时还可以通过语音识别技术将需要存档的手写病历以语音方式输入，系统会自动生成文字形式的病历材料，可大幅减轻工作负担。远程问诊场景如图 1-6 所示。

图 1-6 远程问诊场景

在线问诊功能的实现同样离不开数据标注的支持。语音识别技术的实现需要语音模型去学习大量多样化的语音转写数据，因此需要做大量的语音转写标注；智能客服的实现需要 NLP 技术的辅助，比如信息抽取、句法分析、语义消歧、命名实体识别等，需要靠大量的关键词标注、指代链标注、句法标注、实体标注等任务的支持，正是这些结构化数据为人工智能训练提供支持才使得患者能够在线上实现简单的自我诊断。

　　尽管人工智能技术落地医疗领域在很大程度上缓解了医疗过程中存在的弊端和限制，使得医疗体系整体运行更加有效。但需要明确的是，目前的人工智能技术在医疗领域更多的还是起辅助作用，尚无法取代医生。随着数据标注行业的发展，其所提供的数据集会越来越精准和多样化，所涉及的应用模型也会更加精准有效，相信智慧医疗在科技高速发展的新时代会稳扎稳打，发挥更加重要的作用。

1.3.3 智慧司法

　　随着人工智能技术越来越成熟，司法这一庄严的领域也开始了智能化之旅。从犯罪高发地预测到潜在罪犯预警、从协助审讯到司法量刑，人工智能技术可谓是在司法办案全流程中大展拳脚。

　　在司法处理过程中，智慧司法的场景随处可见。例如，司法机器人，能够帮助当事人完成远程立案、诉讼咨询和引导、"隔空"庭审、当庭判决等工作；通过机器学习算法实现的犯罪预测和预警系统，能够预测犯罪发生区域，并分析犯罪高发地和高发群体，从而为司法办案提供指向性，争取时间，并在必要时辅助调配警力；人脸识别技术，通过人脸关键特征分析能够帮助比对并锁定犯罪嫌疑人；人工智能测谎仪，通过人物表情形态、语调、心率、局部温度等分析，能够精准判别犯罪嫌疑人是否在说谎，从而辅助司法审讯。在司法AI 的辅助下，办案证据得到了有效地校验、把关、提示、监督，更加经得起法律检验，刑事办案过程实现了全程可视、全程留痕、全程监督，司法有失公正及冤假错案情况得到有效的防范。人工智能测谎仪应用场景如图 1-7 所示。

图 1-7　人工智能测谎仪应用场景

　　智慧司法的实现同样也有数据标注的功劳。例如，司法机器人要想实现精准解答就要先做到语义理解，所以分词、实体、句法标注是必不可少的步骤，此外实现实时对话和解答还需要构建大量的对话数据集并给出大量的关键词，这些都需要通过数据标注来完成。再比如，人工智能要辅助量刑，首先需要实现对司法案件的结构化处理，需要通过对类似案件事由、原因、判决结果、适用法条、争议焦点等信息进行结构化提取，从而通过训练后的模型来实现辅助判决，给出最优的判决建议。另外，人脸比对技术的实现也需要大量的人脸标注，线上庭审及司法审讯等书面记录的实现也离不开语音转写标注的支持。

　　以数据标注为基础的智慧司法极大地避免了因情感或个人意愿影响而导致的判决结果偏差，但从当前落地情况来看，其在判决相关的法理与人情的平衡方面还有很大的优化空间。尽管如此，智慧司法为司法办案带来的便利仍然是不容小觑的，相信随着数据标注越来越精准、机器学习越来越全面，人工智能技术在司法领域的应用会越来越广泛，效果也会越来越好。

1.3.4　智慧金融

　　随着机器学习、图像识别等技术的落地，人工智能与金融行业的结合变得越来越紧密。在金融领域，有一个词叫作"智慧金融"。智慧金融就是人工智能赋能于金融行业的应用表现。如今金融行业，在产品研发、内部管控、金融客服等方面，每个环节都有人工智能技术落地的典型场景。首先是刷脸支付、指纹支付逐渐替代了传统的密码支付，极大地简化了支付流程，并避免了密码泄露等风险；其次是依托于语音交互技术的语音客服，明显地减少了银行或金融机构等在客户服务方面的人力投入；此外，还有在线客服机器人，可让用户在几秒钟内轻松了解业务办理流程并预约办理时间，这些都在有效降低金融机构运营成本的同时提升了客户体验。指纹支付应用场景如图 1-8 所示。

图 1-8　指纹支付应用场景

智慧金融人工智能技术得以突破，背后离不开数据标注的有力支持。首先是计算机视觉技术，主要应用了 2D 拉框、关键点、OCR 等标注类型；其次是语音交互技术，主要应用语音转写标注；再到自然语言处理技术，通常应用到实体、关系、分类、意图等标注。银行卡账号 OCR 转写应用场景如图 1-9 所示。

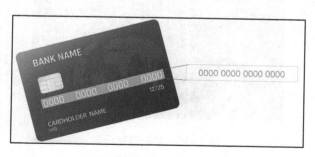

图 1-9　银行卡账号 OCR 转写应用场景

智慧金融除了能辅助优化业务流程并提高效率，还能辅助解决金融风险和安全监管方面的很多问题。例如，智慧金融能够在借贷方面对借款人员进行人际关系图谱整理及消费和逾期行为分析，分析借款人员的还款能力及逾期风险，可最大限度减少坏账的产生，为金融企业提供保障。再比如，在金融监管中，往往需要做股权穿透，从而监控企业的运营行为及运营风险等。这些都需要通过实体关系的标注来支持。所以，如果没有数据标注的保障，智慧金融的智能化就无法得到完美呈现。

1.3.5 智慧出行

人类的出行，从依靠双脚到借助机械车轮、电气化的翅膀，再到如今，其效率已经得到了本质的提升，这也为人类节省了极大的时间和成本。然而，这些方式却仍然离不开人的控制和参与，直到自动驾驶技术的出现，才打破了这一僵局。

当下比较流行且成熟的智慧出行场景当属自动驾驶，在车辆自动驾驶中，人们只需要告诉设备出发地与目的地，便可以在不需人工干预的条件下顺利地到达目的地。那么自动驾驶车辆是如何按照交通标志行驶并识别和躲避行人及障碍物，从而安全到达目的地的呢？其实，自动驾驶能够躲避行人且遵守交通标识主要是依靠算法模型的训练。而自动驾驶的算法模型主要以有监督的深度学习为主，因此在训练过程中，需要大量的带标数据对模型进行训练和优化。自动驾驶场景如图 1-10 所示。

图 1-10　自动驾驶场景

自动驾驶标注主要以图片标注为主，2D 拉框、3D 点云、语义分割等都是其中应用非常多的标注类型。在 2D 拉框中，需要用矩形框画出交通场景图片中的人物、车辆、障碍物等；3D 点云需要结合 2D 图片从该图片的点云图中用立体框画出车辆、行人、障碍物等的点云轮廓；而语义分割则需要按照语义用自定义画框对交通场景中的图片进行区分，区分出图片中的行人、车辆、

道路、标识、树木、建筑物等。自动驾驶场景中的语义分割标注如图 1-11
所示。

图 1-11　语义分割标注

　　自动驾驶可以说是最早让数据标注行业兴起的领域。同时，随着技术成果
越来越显著，这一领域对于图片标注的要求也显得越来越苛刻。因此，数据标
注者在任务过程中也需要不断地学习和成长，才能满足越来越高的要求。

⊙ 1.3.6　智能家居

　　近年来，在智能化、自动化高新技术的驱动下，智能家居行业进入飞速发
展时期。智能家居是最贴近我们生活的人工智能。从智能门锁到智能开关，再
到智能音箱、智能窗帘、智能电视机和扫地机器人，智能家居极大地提高了人
们的幸福感。下班后走进家门，简单的一句"我回来了"，一瞬间灯光打开、
电视机打开、热水器打开，生活变得更舒适而惬意。这些智能家居设备，不仅
能听懂主人的语音指令，而且即使是在主人用不同的方式去表达指令时，也能
实现相应的功能。智能扫地机器人应用场景如图 1-12 所示。

图 1-12　智能扫地机器人

智能家居之所以能够听懂多种表达形式的指令，一方面是因为其具备语音识别功能，另一方面是因为其具备了一定的自然语言理解能力。语音识别能力和自然语言理解能力都是算法模型经过大规模训练的结果。语音识别模型训练所依赖的语音转写标注，在此不做详细说明。智能家居设备要学习获得自然语言理解能力则通常要用到意图标注、唤醒词泛化标注、控制词采集等。在标注过程中，数据标注人员会针对不同的功能采集不同的唤醒词，并对唤醒词进行多种形式的表达，再将标注后的数据给模型训练，从而使模型学习获得相应的能力，如图 1-13 所示。

原始唤醒词	打开窗帘
泛化结果	开启窗帘
	把窗帘打开
	拉开窗帘
	窗帘拉开
	窗帘给我打开
	开窗帘

图 1-13　唤醒词泛化

随着行业的发展，智能家居的控制功能更加完善，控制范围也在不断扩大，大到可以涵盖所有传统的弱电行业，发展前景十分广阔。当然，随着应用越来越多，智能家居在如何提高智能化、多场景融合化等方面所面临的挑战也会更大。值得一提的是，高度智能化的背后，一定需要更精准、更大量的数据标注。

1.3.7　智慧农业

农业是人民的衣食之源，也是人类的生命之本，更是国家重要的经济命脉。我国素有农业大国之称，因此农业的高效可持续生态发展无疑是极为关键的。近年来，人工智能的发展也大力推动了我国农业的发展，让农业在人工智能时代焕发出勃勃生机。

目前，智慧农业的应用场景已有很多。例如，用于农林植物保护，实现智慧农业药剂喷洒作业的植保无人机；用于精细化种植的智能化温室；用于农田收割的智能收割机；依托测土配方施肥的智能配肥机以及用于养殖的智能养殖场等。通过与人工智能技术的融合，农业变得更加高效、智慧和精细化，实现了规模化、集约化和工厂化发展，对自然环境风险的抵御能力有所提升，也为农业新生态建设提供了助力。依托精准的数据标注，智慧农业实现了对农作物的定位及成熟度和生长状态的识别，从而在这些数据与生长环境和时间之间建立关联，进而实现自动施肥、自动农药撒播等，大大减少了人力投入并减少了农药等资源的浪费。在实现智慧农业后，原本需要上百人的数百亩大棚现如今仅需三五个人即可轻松搞定。智慧农业应用场景如图 1-14 所示。

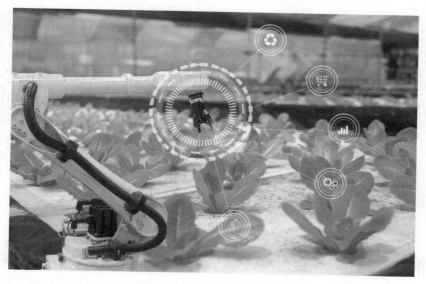

图 1-14　智慧农业应用场景

在智慧农业中，主要应用的标注类型包括多边形标注、语义分割、视频标注等。通过多边形、语义分割等标注可以获得农作物生长状态、土壤条件、农作物病虫害、禾苗生长情况等数据，这使得智慧农业具备了信息获取、管理、分析等能力，可实现自动灌溉、降温、施肥等自动控制功能。特别是通过视频标注实现的实时监控，使得无人机能够直观地观察农作物的生长状态并判断营养水平，从而可为农业种植提供更加科学的理论依据。农作物病虫害标注应用场景如图 1-15 所示。

图 1-15　农作物病虫害标注应用场景

随着人工智能技术的发展，智慧农业在农业经济建设和发展中必然会发挥更大的作用，但同样也会面临前所未有的挑战。相信在高度智能化的未来，现代农民和专家在线讨论、农技服务咨询、农产品销售等面向三农生态圈的社会化服务一定会让现代农业迎来更大的发展。

◦ 1.3.8　智能营销

互联网的飞速发展使得网购已成为广大用户的主流购物方式。随着网络营销概念的普及，多元化的营销手段层出不穷。抛开商家的营销套路不谈，智能营销是各大电商平台最为精准的定向营销。相信很多人在个人账号下的购物App 上都经常会发现这样的现象，在浏览购物页面并搜索某种产品后，无论是否达成订单，只要再次打开该款购物软件，首页和搜索栏中便会自动推送这种产品或类似产品。这是购物 App 中的标配功能，通常被称为个性化推荐。可能你会觉得这很贴心，其实在这贴心的推荐背后，是数据标注的功劳。每个用户的浏览行为都反映了该用户的品位、爱好和购物习惯，通过对这些浏览记录进行分析能够挖掘出用户背后的潜在需求，从而将该用户发展成为潜在客户或有效客户。智能营销的相似推荐应用场景如图 1-16 所示。

图 1-16　智能营销的相似推荐应用场景

　　在个性化推荐场景中，最常涉及的标注类型就是分类、意图和关键词标注。在对数据做好分类并给出关键词信息后，智能模型通过训练，可通过匹配方式将同类产品或相似产品进行筛选，并呈现在用户眼前，从而为用户消费提供方便。

　　随着智能营销的应用越来越多，如今的智能营销场景已远远不止于此。基于大量的数据标注实现的人工智能技术，目前，市面上已出现很多智能营销、拓展客户平台。这些平台能够帮助了解目标客户群体，确定广告投放的最佳时机和策略，采集大量潜在用户的浏览记录并做定向推送。这些都将成就以营销大数据为基础的现代营销模式，为精准营销带来巨大的价值。

1.3.9　智能安防

　　智能安防是得益于人工智能技术的又一成功应用场景。随着经济发展，人们对于安防的认识越来越深，社会对于安防的要求也越来越高。如今的生活中，传统的安防设备及人员已不能满足安全需求，智能安防的出现则给社会治理带来了便利。

　　目前，市面上出现的智能安防设备比比皆是，比如智能摄像头、智能门禁、智能猫眼等，智能门禁的应用场景如图 1-17 所示。以现在使用广泛的智能摄像头为例，智能摄像头区别于传统摄像头的是智能摄像头不仅能够拍摄画面，还能对画面中的内容进行识别和区分。比如，静止的画面中突然出现了动态，或者画面中出现了人物，智能摄像头都会对这些内容进行标识并向相关人员示警。要实现这些功能，当然少不了数据标注的功劳。

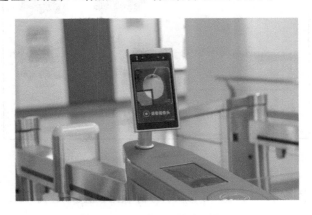

图 1-17　智能门禁的应用场景

在智能安防领域，应用较多的人工智能技术是语音识别和图像识别。在智能安防的语音识别中，主要应用的是语音转写标注。语音转写标注支持的语音识别技术使得语音通话和问询的实时转录成为可能。这不仅节省了保安、记录员等人力资源，还大幅提升了工作效率。就安防图像识别而言，常见的标注场景是目标跟踪、人脸打点、人体关键点、手势标注、人物特征标注等。通过标注人物的性别、年龄、肤色、指纹、表情、衣着等，为模型训练提供了海量数据，从而帮助机器实现快速识别。

尽管智能安防已经得到了成功应用，但总体来说，其尚处于起步阶段，因此还有很长的路要走。同时，随着智能化程度越来越高，其对数据标注的需求量也会急剧扩大，数据标注也必然会成为智能安防高度智能化道路上的主要问题。

1.3.10　智能制造

智能制造一词已为人们所熟知，这一理念也已成为行业的热点。然而，很多人尚未认识到的是，数据标注已成为传统制造向智能化转变的必要环节。

智能制造有许多应用场景，例如智能研发和设计；智能采购、订单等。在车间里，带有视觉系统的机器人，能够像人一样选取合适的零件。工厂里，高度智能化的质检机器人能够像"黑脸包公"一样筛选出所有的瑕疵产品,将生产质量控制得分毫不差。这不仅节省了人力,而且将生产效率提高了无数倍。智能质检机器人的应用场景如图 1-18 所示。

图 1-18　智能质检机器人的应用场景

试想,这些智能质检机器人是如何辨别产品缺陷的?其实,这种智能化的背后都是数据标注支持的结果。智能质检机器人之所以能精准辨别产品缺陷,依靠的是其自身所具备的视觉能力,而这种视觉能力需要精准度极高的视觉系统来实现。通过采集一定数量的产品的各个角度的图片,由标注人员进行画框、语义分割等标注,这些带有标注的图片就能够帮助智能质检机器人训练出一双智慧的"眼睛",从而精准地检测出缺陷目标。这也是数据标注赋能于智能制造的一种体现。

现如今,数据标注赋能的智能技术已不仅仅应用于质量检查环节,在物料评级环节也常有应用。例如,通过对废料、杂物等进行等级或某些特征的标注,经过训练后的模型可应用于废料二次回收定级的环节,既节省了所需的人力资源,又提高了工作效率。更重要的是,这种智能化的检测也减少了因个人情感或素质差异而导致的偏差和浪费现象。

1.3.11 智慧物流

随着互联网的发展,电商行业崛起,网购已经成为我们生活中不可缺少的一部分。从日常的购物到每年的"双 11""618"等活动,网购无处不在。网购之所以能够普及，得益于物流系统的完善，而网购成交量日益增长，传统的物流模式已明显跟不上节奏。如果只靠增加人工的方式满足物流的需求，那么投入的成本将会十分巨大，而智慧物流的出现恰好打破了这一尴尬局面。

以物流过程中的分拣步骤为例，寻常的人工分拣耗时耗力。以人工智能为基础的分拣机器人的出现，却使得这一操作变得简单。智慧物流系统根据货架位置及订单优先级，就近调配分拣机器人，可实现快速、准确地分拣。智能分拣机器人的应用场景如图 1-19 所示。目前，智能分拣机器人已被很多大型物流公司采用。既能节省人力、提高效率，还能在很大程度上避免人员砸伤等问题，使得物流作业更加安全。除分拣机器人外，很多大公司还推出了配送机器人，只要设置好配送路线，这些机器人就可以实现无人化物流配送。

图 1-19　智能分拣机器人的应用场景

在智慧物流的实现过程中，主要解决的是计算机视觉和语言理解的问题。因此 2D 拉框、语义分割、实体标注、词性标注等都是常用的标注任务类型。随着数据标注的不断发展，相信会有更多的智慧物流应用出现在我们的日常生活中。

上述场景仅仅是数据标注辅助下的一小部分人工智能应用场景。实际得益于数据标注的应用场景还有很多，例如，智慧园区、智能城市等，这里不再详细说明。总之，随着越来越多人工智能应用场景的实现和推广，人类的生活会发生巨大的变化，而数据标注的重要性也会越来越凸显。

1.4 常见标注任务类型介绍

通过前文我们已经了解到，数据标注按照待标注数据的形式可以分为文本标注、语音标注和图像标注三大类。而这三大类型又可以细分出许多任务类型，接下来我们详细介绍相关内容。

1.4.1 文本标注

由于文本标注起步较晚，所以实际上，目前业内人员真正从事文本标注任务的机会也相对较少，因此很多人对文本标注并不是很了解。其实文本标注与语音和图像标注不同，其需求往往不像后两者那般相对固定，更多情况下，任务类型都是随着需求的变化而变化的，这就导致了文本标注任务的一个突出特点，即任务类型多样化。基于现有的标注经验，我们本节共总结出 12 种常见的标注任务类型，具体介绍如下。

（一）分词、词性标注

分词是自然语言处理的最基础步骤，该项标注任务主要涉及中文分词和词性标注任务。中文分词的应用很广泛，信息检索、汉字的智能输入、中外文对译、中文校对、自动摘要、自动分类等很多领域都能用到中文分词。

中文分词是指对中文汉字进行拆分，是将一个汉字序列切分成一个一个单独的词，如：我/爱/我的/祖国。

分词效果的好坏将会直接影响着句法树等模型的效果。当然，分词也根据场景的变化而产生不同的需求。如"人民解放军"一词，在有些情况下需要拆分成"人民/解放军"，在有些情况下则不需要去拆分。

词性标注是指为分词后生成的每个单词标注一个正确的词性，也就是确定

每个词是名词、动词、形容词或其他词性的过程。

如，上面的例子：

我/代词 爱/动词 我的/代词 祖国/名词。

在这个例子中，为了清晰地显示词性，我们未使用 P、N、V 等简写，而是直接用了词性的全称。分词词性标注任务实施页面如图 1-20 所示。

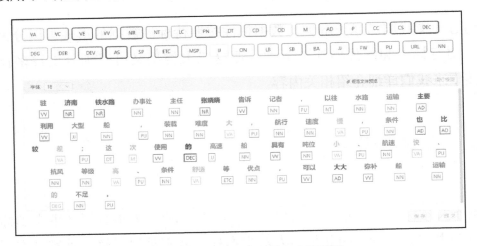

图 1-20　分词词性标注任务实施页面

（二）依存句法标注

依存句法标注最根本的目标是针对给定句子，构建一棵依存句法树，捕捉句子内部词语之间的修饰或搭配关系，从而刻画出句子的句法结构。

在依存句法标注中，一般以句子中的"谓词"为核心，从而认为其他成分都是直接或间接与动词产生联系。同时，需要了解的是，这种关系并非对等的，它是有方向的，依存句法树示例如图 1-21 所示。

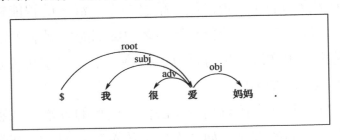

图 1-21　依存句法树示例

图 1-21 给出了一个依存句法树的示例。其中，$表示为节点，我们将$指向的词称为句子的根节点，即句子中最重要的词。依存句法树最基本的单元是

依存弧，一条依存弧由三个元素构成，一个是核心词，通常就是句子的谓词，也称为父节点；另一个是修饰词，通常称为子节点，由句子中除谓词外的其他成分充当；还有一个是关系类型，其通常表达的意思是"修饰词是以何种句法角色跟核心词发生联系的"。例如，在图 1-21 中，"我"是"爱"的主语，"妈妈"是"爱"的宾语，这两种关系分别用两条依存弧来表示。

此外，还需要注意的是，依存弧的箭头方向是按照需求方约定的，或是由父节点指向子节点或是由子节点指向父节点，但要保证所有标注方向是统一的，否则标注的结果就会失去意义。

（三）实体标注

实体标注通常用于命名实体识别（Named Entity Recognition，NER）任务。NER 是 NLP 中一项非常基础的任务，信息提取、问答系统、句法分析、机器翻译等很多 NLP 任务都离不开 NER，NER 的准确度也决定着这些任务的效果，所以实体标注是文本标注中最常见的任务类型。

要理解实体标注，首先要了解什么是实体。实体是一种概念，一般指的是文本中具有特定意义或指代性较强的名称词，通常包括人名、地名、组织机构名、日期时间、专有名词等。实体这个概念很广，只要是业务需要的特殊文本片段都可以称为实体，例如，电影名、书画名等。特别需要注意的是，一般情况下，如不放宽标准，必须是具有指向性的特指词，也就是说，当我们看到这个名词之后能够立刻反映出这个词说的是什么、是谁。如果是一个泛指词，则失去命名实体的本质意义。

在标注过程中，实体标注通常会以加标签的形式来实现，实体标注样例如图 1-22 所示。

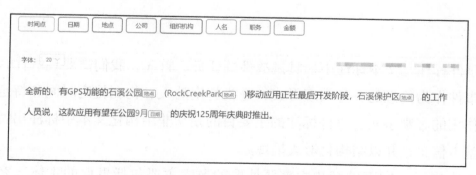

图 1-22　实体标注样例

（四）关系标注

关系标注与实体标注一样，也是 NLP 中一个较为常见的重要任务，其主要目的是标注句子中实体之间所隐含的语义关系，即在实体识别的基础上来确定文本中实体间的关系类别，并做成结构化的数据。例如，郭子仪，字子仪，华州郑县人。从这句话中，我们可以判断出人物郭子仪的出生地是华州郑县，因此可以标注为郭子仪（出生地）华州郑县，这便是一条完整的关系。

需要注意的是，关系标注是有方向的，一般的关系方向为头实体指向尾实体，描述为头实体的关系人是尾实体或尾实体是头实体的关系人。例如：文火火这一辈子实属不易，好不容易将儿子文子平拉扯大。本句中，通常会将关系描述为头实体（文火火）的子女是尾实体（文子平）或尾实体（文子平）是头实体（文火火）的子女。同时还需要注意的是，在关系标注时，通常仅应标注那些就当前来说实际存在的关系，否则便无实际意义。例如，原局长程度、准局长赵东来，这两种职务关系都不需要标注。

在关系标注中，头实体、尾实体及两者之间的关系通常被合称为三元组。例如，在图 1-23 中，每一条记录都是一个三元组。

图 1-23　关系标注及三元组

（五）事件标注

事件标注是文本标注中最具挑战性的任务。首先，我们需要理解什么是事件。事件作为信息的一种表现形式，是指特定的人、物在特定时间和特定地点相互作用的客观事实。事件标注的主要目的是从非结构化文本中标注出特定事件的基本信息，并以结构化形式呈现。

通常来说，在事件标注中需要抽取的要素主要包括事件的主体、客体、时间、地点、原因、结果等。例如，人物 A 于 2019 年 8 月前往中国会见人物 B。在本句中，是一个会见事件，主体为人物 A，客体为人物 B，时间是 2019 年 8 月，地点是中国。这就是事件标注大体要完成的任务。需要注意的是，在事件标注过程中，只需要标注实际发生的事件，未来要发生的以及当前已经不存在的事件标注出来都没有实际意义。在实际标注过程中，事件标注在系统中的实现方式有很多种，可以采用加标签的方式；也可以采用信息抽取的方式；还可以采用连线的方式，图 1-24 所示为通过加标签的方式实现事件标注。

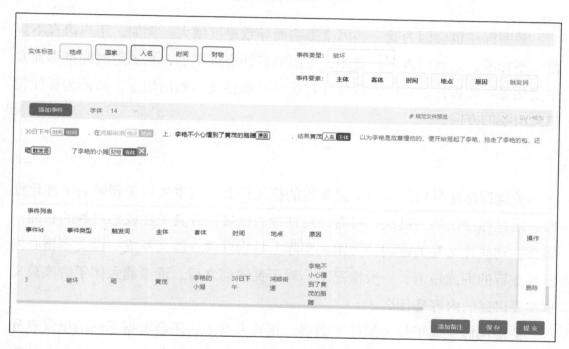

图 1-24　通过加标签的方式实现事件标注

（六）意图标注

意图标注是对话、搜索引擎及机器人等任务中最常见的标注需求。它主要是指判断文本所表达的目的，辨别出说话者想做什么或想了解什么，在标注过程中，一般是通过加标签的方式实现。例如，为什么我的红包能领不能用？这句话所表达的意图就是"询问红包不好用的原因"；或者，我想找个价位便宜的酒店，其所表达的意图就是"告知酒店价位档次"并"询问酒店名称"。在

意图标注任务中，有些任务的意图并不是唯一的，也可能存在多种意图的情况。同时有些任务也需要针对这些意图去填写槽值，如图1-25所示。

你们店里有6座suv吗？价位在50万以上的。

告知/车/车型	SUV
告知/车/车座数	6
告知/车/价位	大于50万

保存　提交

图 1-25　填写槽值的意图标注任务

意图标注也会因为受一些因素影响而导致难度增大。例如，用户语言不规范、不标准，表意出现多种意图，意图的表述强度不够，意图随时间推移而发生变化等。在标注过程中，需要针对这些可能性逐一做出规定，从而为标注提供更清晰的方向。

（七）关键词标注

关键词标注是新闻领域中最常用的标注任务，其主要用于新闻的个性化推荐。通过标注出的关键词，可有针对性地为读者推荐其关注或感兴趣的新闻。那么，到底什么是关键词？关键词实际上是指反映一篇文章或一段文字核心内容或主旨的词或短语，一般情况下，看了关键词之后，读者能大体了解该篇文章主要讲述的内容是什么。

关键词标注属于较大的任务类型，在其大类下，还会根据不同的出发点和需求衍生出不同的子任务类型。例如，若标注的出发点仅是为了反映文章的主旨内容提高检索率，则会采用最传统的关键词标注，这类标注一般会选择反映文章中心思想的内容或高频词；但若要以读者兴趣为出发点来为读者推荐合适的文章，则需要标注兴趣标签，此时便需要标注与文章主旨相关的、可能引起读者兴趣的词或短语。但无论是常规关键词标注还是兴趣标签标注，都需要遵循关键词标注的基本规则。以兴趣为导向的关键词标注案例如图1-26所示。

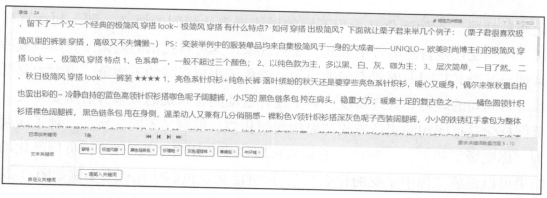

图 1-26　以兴趣为导向的关键词标注

（八）分类标注

分类标注是自然语言处理的一个基本任务，是指试图推断出给定的文本（句子、文档等）的标签或标签集合。分类标注应用非常广泛，例如，垃圾过滤、新闻分类、词性标注等。同时，它也是一个很广泛的概念，例如，实体标注、意图标注等，只要是针对某一条数据加标签的操作在一定意义上都可以算作是分类标注。分类标注可以是一个维度的，也可以是多个维度的，这主要取决于需求方的需求。多维度分类标注的案例如图 1-27 所示。

图 1-27　多维度分类标注

（九）问句复述

问句复述又称为泛化，一般情况下，这种任务可以分为正例泛化和负例泛化两种情况。正例泛化是指用不同的形式来表达相同的语义，即一句话百样说。问句复述是自然语言中极其常见的现象，其可将提出的复杂问句改写成一系列与其语义相同但形式不同的问句，避免了用户提问的不规范，可大大降低系统对问句的理解和处理难度，对于提升自动问答系统的效果有着重要意义。负例泛化是指问句的表达方式与原始问句相似，但意义不同。例如，种子问题为"你吃饭了吗？"正例泛化的结果可以说成"用餐了没有？"，负例泛化的结果可以说成"你中午吃的什么？"，正例泛化及负例泛化更多案例如图 1-28 所示。

种子问题：有哪些让你惊艳的名字？	
正例泛化	负例泛化
有什么美得让人惊奇的称呼吗？	
你见过哪些名字让你眼前一亮？	
哪些人名入目即心醉？	有什么取名的禁忌？
你心中绝妙的姓名有哪些？	这些名字凭什么让人惊艳？
哪些称谓好听到让你为之一振？	名字五行不全有什么补救办法？
叫啥名能让你咋一听就很中意？	同班同名的尴尬场面你遇到了吗？
哪些名字好听到使你为之动容？	名字与气质不符怎么办？
能推荐些美艳得出人意料的名字吗？	
有什么让人耳目一新的亮眼名字？	

图 1-28　正例泛化及负例泛化

（十）问答标注

所谓问答标注，实际上是指从原始文本中抽取出问题和相对应的答案。由于原始文本类型不同，问题和答案的标注方式也会发生变化。例如，有些文本中只能找到答案，所以需要标注师根据答案去生成问题，此为半抽取半生成的混合式问答标注；还有些文本中能同时找到问题和答案，将其原样抽出即可，此为完全抽取式的问答标注。问答标注案例如图 1-29 所示。

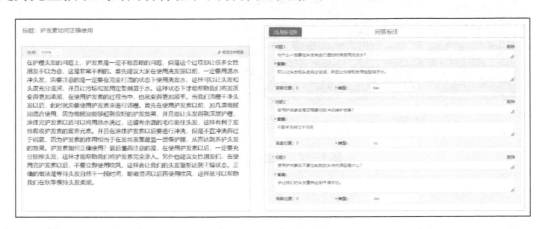

图 1-29　问答标注

（十一）对话语料构建

在现实生活中，对话语料构建是构建智能对话系统的重要组成部分，其主要目的是根据规定的对话路径、要求描述及知识库等模拟真实的应用场景，构建真实的对话，并在构建对话的过程中，针对每句对话所涉及的知识点进行查找并关联和回填槽值。

从对话轮数的角度来说，对话语料的构建可能是单轮的，也可能是多轮的。单轮对话就是指一问一答即结束的对话；多轮对话就是指所构建的对话中包括多轮问答。

从对话的领域来说，对话语料的构建可能是单领域的，也可能是跨领域的。跨领域是指一个对话任务中包含多个领域的子任务，例如，从旅游出行→餐馆→酒店→交通等领域，多个领域的问答完成后，一个对话方可结束。跨领域多轮对话案例如图 1-30 所示。

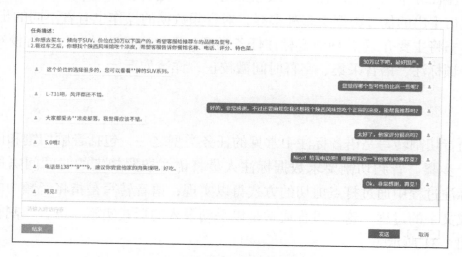

图 1-30　跨领域多轮对话

（十二）知识图谱验证

知识图谱验证是知识图谱构建的一个重要环节，它是对知识图谱质量的最终检验。知识图谱的构建并不是一个静态的过程，当向原有知识图谱引入新知识时，需要先确定该条新知识是否正确，并判断其与已有知识是否一致。如果新知识是正确的，就可将其融合到原有知识图谱中；如果新旧知识间存在冲突，那么要对这些知识进行审核和判断，确定是原有知识错误，还是新的知识错误。在有了判定结果后，就要对错误的知识进行补全、纠错或更新，然后再融合到原有的知识图谱中。

知识图谱验证的任务较为复杂，其要考虑到原有知识图谱及当前知识的准确性，还要兼顾新知识与原有知识图谱的融合，并对新旧知识中相同的实体做对应关联处理。

1.4.2 语音标注

语音标注在人工智能中有着相当广泛的应用，与我们的生活也密切相关。在某种程度上，正是由于语音标注的存在，才使得我们如今的生活实现大部分的智能化。

一般来说，我们对语音标注任务的理解还停留在语音转写上，但这仅仅是语音标注任务中入门级的任务。虽然都是对音频进行标注操作，但由于需求的不同，衍生出的任务类型也多种多样，对音频数据的操作也有着不同的步骤。

本书将主要介绍 5 种语音标注任务类型，即语音切割转写、语音校对、拼音和停顿标注、语音采集、字幕时间戳校正，详述如下。

（一）语音切割转写

语音切割转写是语音标注中常见的任务类型之一，包括音频切割和语音转写两个步骤。音频切割要求数据标注人员将语音按照规定的时间间隔进行分割，标注过程中通过打点剪切的方式得以实现；语音转写是指将音频中的内容转写成文字的过程，这一过程通常是以手动录入的形式实施。语音切割转写标注如图 1-31 所示。

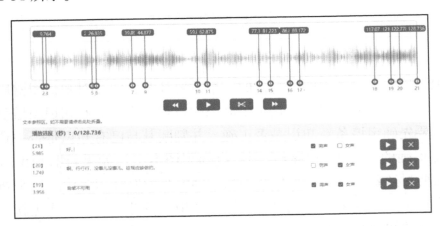

图 1-31　语音切割转写标注

语音切割转写任务并非我们想象的那样简单。在具体任务过程中，往往会存在很多细节的要求。例如：1）语音切割并非一次就能完成，它需要对音频多次播放并反复打点；2）在转写过程中，要完全还原语音音频，音频中的语气词和中间有明显字音的口语词、儿化音等都不得有遗漏，比如"大家注意啊，嗯我今天宣布……"，其中的语气词"啊""嗯"等均需要进行转写，同样的词还有"这个""那个""下面""这里边"等；3）语音内容的转写一般只针对有效音频，背景音等有可能被算作是无效音频，此时无特殊要求则不需要转写。这只是其中的一小部分要求，随着语音转写准确度要求的提高，其中所涉及的细节问题也会越多，具体细节还需要数据标注人员在标注过程中用心体会。

（二）语音校对

　　语音校对是一种与语音切割转写类似的任务，但其难度要低于语音切割转写。语音校对主要涉及的是语音转文字方面的工作，是指针对原始的语音转写结果进行检查和修改。这些原始的语音转写结果一般为语音模型预处理的结果，这样能够使标注的速度更快，同时也比语音切割转写任务要更容易一些。语音校对标注如图 1-32 所示。

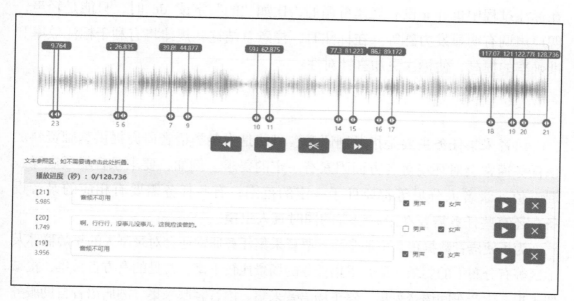

图 1-32　语音校对标注

（三）拼音和停顿标注

拼音标注属于 TTS（语音合成）类任务中最常见也是最难的任务，主要目的是对照音频和文本为文本添加拼音及声调。该任务通常基于预处理结果来实现的，主要是审核拼音拼写及声调是否准确，确认文本与音频是否对应及按照音频的停顿时长、标注长短停顿等。拼音和停顿标注如图 1-33 所示。

图 1-33　拼音和停顿标注

做该类任务需要对停顿时长有准确的感知，对拼音的轻声与儿化音及普通话的读音有良好的语感，还需要对拼音声调变化有较好的理解能力。但该任务在标注过程中也并非没有规律可循的，比如"的"字读 de 时，只能是轻声，四声声调有明显发力感等。在标注时，注意总结这些规律将有利于标注效率和准确率的提高，使标注更加有针对性。

（四）语音采集

语音采集任务主要是指录制语音，目的是为各类语音研究提供基础资料。该任务通常会对环境等各方面因素有一定的要求。例如，要求录音场景底噪、混响值、录音人分贝等都要处于一定的范围；有些任务需要有相应的录音设备；还有些任务需要在录制语音的同时真人出镜。

为了使语音数据覆盖更加全面，语音采集任务通常还会对录制人的年龄群体及地区等有分布上的要求。语音采集任务的场景比较丰富，常见的有方言采集、检喊票采集、生产车间语音采集、停车场语音采集、语音客服采集、酒店语音自助服务采集等。在做相应的任务时，应严格按照需求方的标准实施。

（五）字幕时间戳校正

字幕时间戳校正主要是针对视频或音频字幕的，不同于转写类任务。转写类任务主要是对音频转换的文字进行审核和校改，而字幕时间戳校正任务不需要对文字进行处理。字幕时间戳校正的主要任务是确认音频与文字内容间的时间对应问题，确保声音和文字内容同步展示。换言之，就是确保当声音播放时，文本在屏幕上呈现，当声音停止时，文字在屏幕上消失。所以在听音过程中，发现某段音频与文字不对应或起止时间有偏差时，便需要做相应的时间调整。字幕时间戳校正如图 1-34 所示。

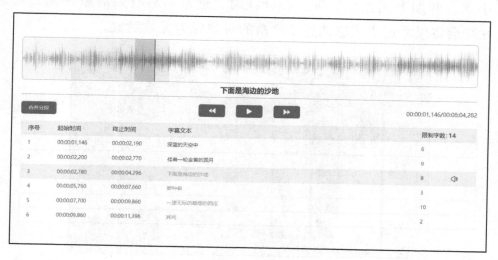

图 1-34　字幕时间戳校正

1.4.3　图像标注

文本、语音、图像三类任务中，图像标注属于最容易理解的类型，也是目前市面上标注公司涉及最多的任务类型。从一定意义上来讲，正是这个点点画画的工作为许多人提供了就业机会，更带动了地区经济。

在我们的印象中，图像标注任务基本上都是画框打点一类的操作，可能不会涉及太多的任务类型，其实不然。虽然只是画框打点的工作，但是这些点和框却分属于不同的任务，并且在不同的任务类型中，对于点和框的要求也是不尽相同的。

图像标注任务的类型也有很多，我们在这里主要介绍 8 种，即拉框标注、语义分割、关键点标注、3D 点云标注、线标注、目标跟踪、图像分类、OCR 识别，详述如下。

（一）拉框标注

拉框标注是图像标注中常见的一种任务类型，主要是指用 2D 框、3D 框、多边形框等标注出图像中的指定目标对象，2D 拉框标注如图 1-35 所示。通常来说，在拉框后还需要针对每个框加上类别标签。例如，用矩形框框选出图片中的小孩，并加上颜色标签等。在标注时，通常会有有效对象和无效对象之分，往往会将尺寸过小或遮挡过于严重的对象标为无效对象。

图 1-35　2D 拉框标注

（二）语义分割

语义分割是计算机视觉中非常重要的标注任务，它实际上是根据像素级别进行图像识别，也就是说，要针对图像中的每个像素标注出对象类别。这样做的目的是预测图像中每一个像素的类标签。在这一过程中，我们会将从视觉角度看起来不同类的部分按照语义分到不同的类别中，从而实现图像的"语义理解"。例如，从图中提取出所有的"羊"，或者将"羊"和"草地"区分开，不同的区域打上不同的颜色和标签。如图 1-36 所示，图中为对车道、行人等进行语义分割，分别将天空、车道、不同类型的车辆、行人、树木等涂上不同的颜色。

图 1-36　语义分割标注

（三）关键点标注

关键点标注是指在目标对象的规定位置加上关键点，例如，在人脸图片上用点标注出眼角、鼻尖、嘴角等关键位置或在人体图像上标出骨骼或穴位的位置等，关键点标注如图 1-37 所示。

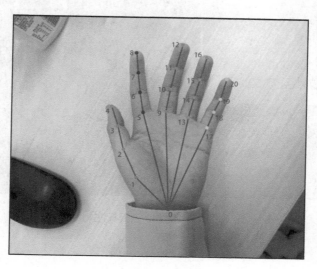

图 1-37　关键点标注

关键点标注技术在人脸识别、情感分析、人脸追踪、动作分类、行为识别等方面都有重要的作用。模型借助关键点标注理解各个点在运动中的移动轨迹，从而实现更复杂的判断。同时，需要注意的是，在打点过程中要保证点位的准确性，当有关键点位被遮盖时，需要预估点的位置并清晰地表示出来。在标注过程中，要严格遵循标注规范，保证标注的准确性。

（四）3D 点云标注

3D 点云是一种非常适合 3D 场景理解的数据，通常被认为是表示三维世界的一种较好的方法。相对于真实的 3D 图像，点云有着特有的深度表达优势。换言之，3D 点云直接给出了物体长度、宽度和深度三个维度的数据，而不需像真实 3D 图像那样，需要通过透视几何来反推三维数据。3D 点云数据可以清晰地表示所有的物体，小到几毫米，大到几十米甚至成百上千米。自动驾驶领域是目前其常用的领域。因此，在图像标注领域中，3D 点云标注也是非常重要的一种标注类型。

在图像标注中，3D 点云标注是指从点云图中找出目标对象，并以立方体框的形式标注出来，在自动驾驶场景中，需要标注的对象通常包括车辆、行人、广告标志和数据等。需要注意的是，在点云标注任务中，平面图通常起到参考作用，为的是判断目标对象的位置以及方向等，3D 点云标注如图 1-38 所示。

图 1-38　3D 点云标注

（五）线标注

线标注通常用于自动驾驶应用中的车道线标注，有直线也有曲线。主要是对道路地面的标线进行标注。与矩形框标注不同，线标注能够更精确地表示线性对象的位置，不会包含过多的噪声和空白，是介于多边形与关键点标注之间的一种标注形式。

车道线的标注也并非完全的画线操作，在实际标注过程中，还会涉及车道线区域的标注、分类及语义标注等。车道线标注如图 1-39 所示。

图1-39 车道线标注

（六）目标跟踪

目标跟踪是计算机视觉中一个重要的研究方向。在军事制导、视频监控、机器人视觉导航、人机交互，以及医疗诊断等许多方面有着非常广泛的应用前景。目标跟踪是从视频数据中按帧捕捉某一对象，并进行画框标注，目标跟踪标注如图1-40所示。

图1-40 目标跟踪标注

目标跟踪是一个极具挑战性的任务。对于运动目标而言，其运动的场景非常复杂并且经常发生变化，或是目标本身也会不断发生变化，这些都无形中加大了目标跟踪任务的难度，数据标注人员需要根据其他特征进行脑补并找出对应的目标，从而进行标注。

（七）图像分类

图像分类是计算机视觉中较为简单的任务，主要是指针对给定图像判断出图像或图像中的对象所属的类别。因此，该任务类型一般包括两个维度的标注：一种是标注整个图像场景的类别；另一种是标注图像中对象的类别。而从标注层级来说，图像分类可以是一级标注也可以是多级标注，所采用的方式一般都是系统加标签的方式，图像分类标注如图 1-41 所示。

图 1-41　图像分类标注

（八）OCR 识别

计算机文字识别，俗称光学字符识别，它是利用光学技术和计算机技术把印在或写在纸上的文字读取出来，并转换成一种计算机能够接受、人又可以理解的格式。OCR 技术是实现文字高速录入的一项关键技术。

在数据标注领域，OCR 识别常见的任务主要有发票文字识别、图片文字识别等。在识别任务中，一般会借助专业的 OCR 识别软件，再根据实际情况进行校改，常见的 OCR 识别软件有 ABBYY 等。在实际标注过程中，很多公司也会针对这类任务开发自己的标注工具，OCR 识别标注如图 1-42 所示。

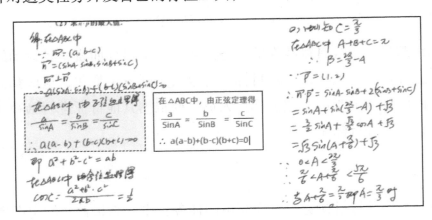

图 1-42　OCR 识别标注

1.5 实训习题

 随堂练习：思考并回答下列问题。

（1）什么是数据标注？

（2）数据标注是如何起源的？

（3）你能列举出当前市面上的人工智能应用产品吗？这些产品的哪些方面应用了数据标注？应用的是哪种标注类型？

（4）图像标注的常见任务类型有哪些？

（5）语音标注的常见任务类型有哪些？

（6）文本标注的常见任务类型有哪些？

（7）除本书中列出的应用场景外，你还能说出其他的由数据标注辅助的人工智能应用场景吗？

第②章

数据标注实训平台

标注实训主要依托数据标注实训平台进行，该平台是专门面向数据标注实训打造的任务实践平台。平台汇集并融合了教师管理、学员管理、学员实操、任务分配等多项功能，支持分类标注、实体标注、语音转写、2D 拉框等多种类型标注任务的实操练习，针对每个任务类型提供海量实训题库，并支持答案自动比对、评价和管理等功能，同时支持全流程项目创建和小规模标注任务的实施。

2.1 平台基本功能介绍

数据标注实训平台由学员端和教师端两部分组成。学员端主要供学员进行各级任务的实操练习；教师端则主要对学员、题库、班级和任务进行管理操作。平台需使用账号、密码登录，数据标注实训平台登录页面如图 2-1 所示。

图 2-1　数据标注实训平台登录页面

现对平台各角色模块对应的基本功能介绍如下：

（一）学员端

本平台学员端主要面向数据标注学习者。其功能主要围绕数据标注实训进行设计，主要包括个人中心、实训中心、学习引导、意见反馈等。

1. 个人中心

可对学员个人信息进行编辑和设置，如图 2-2 所示。

课程中心	基础信息
我的课程	手机：18640068358
我的收藏	
学习记录	昵称：小张
错题记录	年龄：20
我的笔记	性别：女
个人中心	头像：
我的通知	
个人信息	
修改密码	修改
意见反馈	

图 2-2　个人中心

数据标注实训（初级）

2. 实训中心

学员进行数据标注训练的入口，教师分配的所有实训任务均可通过单击【进入学习】按钮进入相应页面进行学习，如图 2-3 所示。

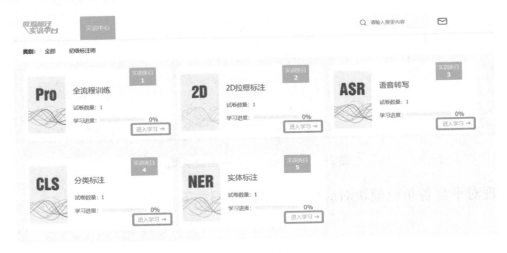

图 2-3　实训中心

3. 学习引导

对各任务类型页面操作流程及步骤的分解演示，学员如果对操作有疑问，可通过单击【学习引导】按钮进入相应页面进行学习，如图 2-4 所示。

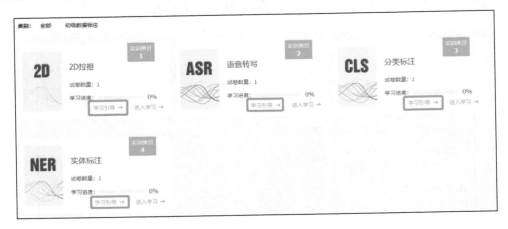

图 2-4　学习引导

4. 意见反馈

对内容意见、产品建议、技术问题、在线投诉等的反馈渠道，如图 2-5 所示。

图 2-5　意见反馈

（二）教师端

教师端主要包括修改密码、平台概况总览、班级管理、学员信息管理、添加试卷、创建标注类型、创建标签工具、创建试题、组卷管理等，管理员登录页面如图 2-6 所示。

图 2-6　管理员登录页面

1. 修改密码

对个人登录密码进行设置和修改，如图 2-7 所示。

图 2-7　修改密码

2. 平台概况总览

对平台总体使用情况的统计和展示，如图 2-8 所示。

数据标注实训（初级）

图 2-8 平台概况总览

3. 班级管理

此模块主要用于创建、维护班级或分组信息，并进行班内成员的实操题目配置，如图 2-9 所示。

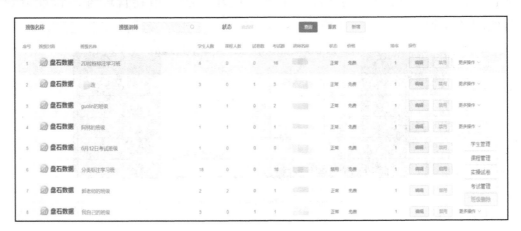

图 2-9 班级管理

4. 学员信息管理

教师用来进行本班学员信息的管理和维护，如图 2-10 所示。

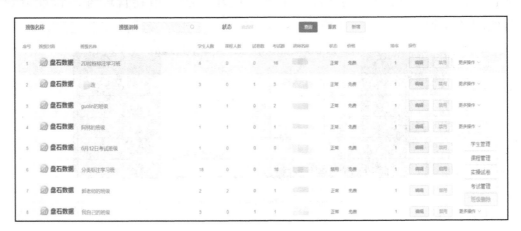

图 2-10 学员信息管理

5. 添加试卷

可针对指定班级进行试题的下发和分配，如图 2-11 所示。

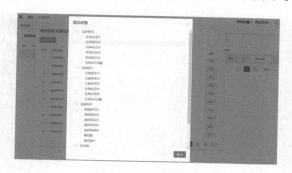

图 2-11　添加试卷

6. 创建标注类型

教师可为学员添加或创建新的标注类型，创建新的标注类型后，学员实操页面会显示该标注类型，如图 2-12 所示。

图 2-12　创建标注类型

7. 创建标签工具

可针对某一标签类型添加或修改标签工具，如图 2-13 所示。

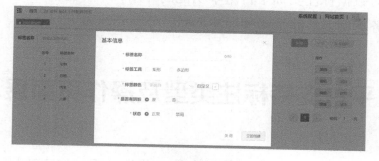

图 2-13　创建标签工具

8. 创建试题

可新增、修改、删除试题，如图 2-14 所示。

图 2-14　创建试题

9. 组卷管理

可将多个题目组合成一套试卷，如图 2-15 所示。

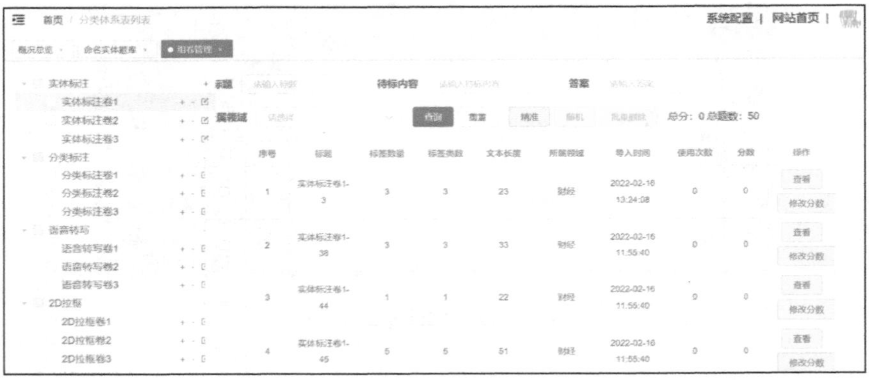

图 2-15　组卷管理

以上是对数据标注实训平台基本功能的介绍，平台目前针对初级标注学习支持 5 种任务类型，共涉及 4 种标注类型，分别介绍如下。

2.2　平台支持标注类型及操作页面展示

目前，数据标注实训平台共支持实体、分类、语音切割转写、2D 拉框 4

种标注类型及针对 4 种标注类型的全流程项目实训。现对各标注类型的具体页面展示如下。

（一）实体标注

通过单击标签的方式实现，在页面上可实现规范文件预览、字体调整等，操作简单方便、效率高，实体标注如图 2-16 所示。

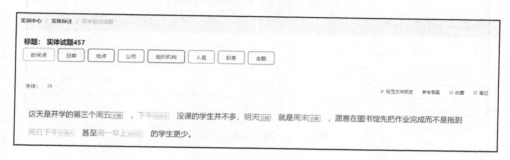

图 2-16　实体标注

（二）分类标注

通过加标签方式实现，能支持针对图片、文本的分类，支持多级标签、多维度标签、意图填槽值等标注，分类标注如图 2-17 所示。

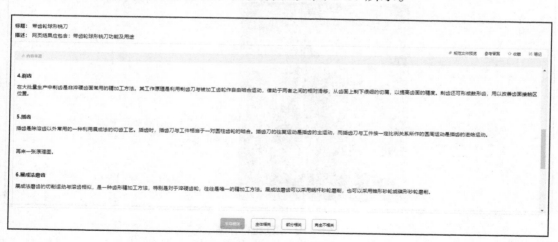

图 2-17　分类标注

（三）语音切割转写标注

通过打点剪切的方式实现切割功能，通过手动录入方式实现文字转写功能，支持语音播放、文字编辑、加标签等，语音切割转写标注如图2-18所示。

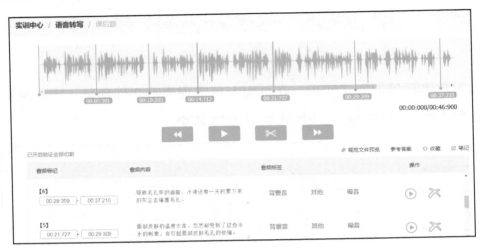

图2-18　语音切割转写标注

（四）2D 拉框标注

通过鼠标拖拽方式实现标注，支持"十字线"辅助、标签隐藏、图片拖动、撤销操作等，2D 拉框标注如图2-19所示。

图2-19　2D 拉框标注

上述是对数据标注实训平台中基本功能及任务类型的介绍，接下来我们进入标注实训部分。

第 章

文本标注实训

文本标注的对象主要是自然语言。由于人类语言的多变性和多样性，导致文本标注成为数据标注中难度最高的一种。

在文本标注的类别下，实际上可以细化为多种任务类型，对于这些任务类型，在前面我们已经做了简单的介绍。为了让学员能够更快地了解，本章将以实训案例的方式对分类标注和命名实体标注两种基本类型进行介绍。

3.1 分类标注

分类是自然语言处理的一个基本任务，在生活中的应用极为广泛。垃圾邮件拦截和过滤、文章分类、电商客户评价等场景的实现都需要通过分类来完成。在学习分类标注之前，我们先了解什么是分类。

◈ 3.1.1 认识分类标注

在 NLP 算法中，分类是指试图推断出给定数据（文本、语音、图像）的标签或标签集合。当然，这是从算法技术层面给出的定义，本节主要是参照上述定义从标注层面做出理解。从标注实施的角度来讲，分类是根据给定数据（文本、语音、图像）某一方面的特点或属性来给数据归类，判断该条数据属于哪个类别，并加上对应的标签。分类标注的任务范围非常广泛，意图标注及本节要学习的相关性标注等都属于这一范畴。由于在分类标注中，这两种任务较为常见，接下来我们对这两个任务进行简单的了解。

首先是意图标注。意图是一个抽象的概念，是指用户说话的目的，即用户想要表达什么、想做什么。例如，A 说"请问盛京地铁口怎么走"，其意图为"询问路线"；B 说"我也是新来的，对这儿不熟"，其意图为"告知 A 不清楚路线"。再比如，有这样一句话，相信大家都很熟悉："各位旅客请注意，17：10 出发，途经沈阳，终到齐齐哈尔的 T-××次列车马上就要检票了"，这是每次火车站检票时都会播报的一句话。很明显，这句话是在"告知"用户信息，它告诉大家"列车车次—T-××""出发时间—17：10""经停站—沈阳""终点站—齐齐哈尔"。相应地，在标注意图时，就可能会将该句话的意图标注为"inform"（即告知，类似的还有"request"询问、"greeting"问候等），如果进行多级意图标注，则需要标注"inform—列车车次""inform—出发时间""inform—终点站"等。当然，这只是一个简单的例子，目的是用直观的方式让学习者理解"意图"这一概念。在实际任务中，意图标注并不仅仅是标注说话者的目的和想法，也可能会从其他角度进行标注，例如，判断两句话是否同义等。

同时需要了解的是，一句话中可能含有多个意图，也可能有多级意图，例如，"您好，能帮我推荐一家四星级酒店吗？"，这句话中有三种意图，意图 1（greeting）、意图 2（inform—酒店—星级）、意图 3（request—酒店—名称），标注时，需要根据句义逐一解析。意图标注常常会受到用户语言规范性、时效性等方面的影响。例如，在网页检索时，对于"孩子头疼"这一句话，由于语言表述过短，所以无法确定用户到底是反映头疼问题从而寻找解决方案，还是想询问头疼的原因、有没有必要去医院等。再比如，同样的一个词"苹果"，在 2007 年之前，如果通过网页搜索，给出的答案大多会是"什么样的苹果好吃"等关于苹果这种水果的问题；现如今，随着"苹果"手机问世，再去网页搜索"苹果"这个关键词，得到的结果基本是"苹果手机"相关的内容，这与时代演变是密切相关的。

相关性标注属于分类标注中占比较大的任务之一，其具体表现形式及任务目的也有多种。相关性标注的任务主要是对所给的关键词或问题与所给结果进行对比，判断两者之间的匹配程度。相关性标注还有另一种变体形式，即相似性标注，主要是对所给的两句话进行对比，判断是否同义或意图是否相同。总结来说，就是看针对某个问题所给出的结果是否能够清晰且完整地回答或解决该问题，或者看所给的两种表达是否存在指定的某种类似特征。

针对关键词"糖醋鱼的做法"，给出了如图 3-1 和图 3-2 所示的两个结果。很明显，图 3-1 针对所提出的问题给出了非常完美的答案。可以说针对"糖醋鱼的做法"这一关键词，图 3-1 所给出的结果是非常相关的。

图 3-2 虽然给出的也是关于鱼的做法，但并非"糖醋鱼的做法"，所以其没办法解决所提出的问题，而按照红烧鱼的做法做出来的菜也并非糖醋鱼的味道，因此对问题起不到任何解答作用，可以将其判定为不相关。关于相关程度的具体判定标准会在相关性标注的实操部分给出详细讲解。

图 3-1　结果一

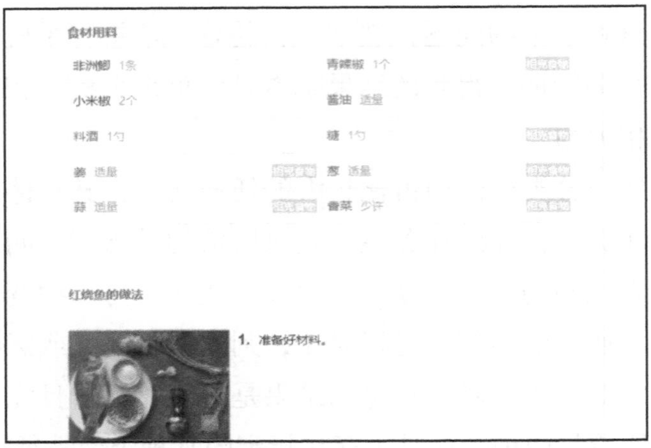

图 3-2　结果二

　　目前，常见的相关性标注任务可以分为多个层级和多种判断标准，如三级相关性、四级相关性、五级相关性、七级相关性等，甚至更多。所谓"四级相关性"是指对相关程度的判定有 4 个等级，代表 4 种不同的相关程度，具体的相关等级命名方式由需求方自行确定，例如，可以是一级相关、二级相关、三级相关、四级相关，也可以是不相关、非常相关、主体相关、部分相关，还可以是 A、B、C、D 等。相应地，三级、五级、七级相关性是指对相关程度的判定分别有 3 个、5 个和 7 个等级。当然，其等级数并非固定的，而等级数越多则说明任务的判定标准就会越细致，给标注带来的难度也就越大。

　　接下来，我们便以相关性标注为例，详细地体验和了解分类标注任务。在进一步学习之前，需要强调的是，相关性标注只是分类标注的一种，它不代表所有的分类标注，同时由于不同的任务需求也会有变化，本章所使用的标注说明并不代表所有的相关性标注任务。为了还原真实任务场景且不触碰数据安全底线，接下来的实训部分各个环节和具体要求均是按照之前已有经验给出的场景模拟数据。

3.1.2　分类标注实训之相关性标注

　　在分类标注任务中，标注的对象可以有多种，文本、图像、语音都有可能，本任务的主要对象是网页文本。就相关性标注而言，在实际标注过程中，通常会采用多遍标注的方式。例如，标注两遍，对比后针对不同的标注结果由第三人进行质检，或直接标注三遍，取两个相同的结果等。本节对任务进行了简化，按照每个任务标注一遍来进行设计，重点帮助学习者初步理解任务。

3.1.3　相关性标注规范

（一）任务目标

本任务的主要目标是：

对所给关键词或问题与页面呈现答案之间进行对比，确认答案能否解答问题，解答的程度如何，并加上对应的标签。本任务中标签共有四个层级，分别是完美解答、部分解答、部分涉及和无关解答。

（二）基本标注原则

标注应遵循下列三条基本原则：

（1）标注时，应全局查看，不可单纯地以某一个词为依据，例如，对于关键词"红烧鱼做法"，不能因为结果中体现了"鱼"而判断为"部分解答"。

（2）针对每个关键词给出的结果是否能完美地解答该关键词的问题，应参照对应的意图描述来判断，而不可自行猜测。

（3）标注页面上提供了结果的参考网址，当页面内容乱码或显示不出来时，应以网址内的实际内容为依据。

（三）具体说明

针对本标注任务标签的具体说明如表 3-1 所示。

表 3-1　分类标注具体说明

相关性类别	具　体　说　明
完美解答	答案内容与关键词非常相关，可以完整地解答关键词所表达的提问意图，可以直接使用。
部分解答	答案内容与关键词有相关之处，但所给出的答案结果明显是不完整的。
部分涉及	答案内容仅仅提到了关键词的意图或仅做了讨论，或者针对与问题主体相关的内容进行了解答，但并未给出任何有用的解答。
无关解答	答案内容跑题，与关键词所表达的意图完全没有关系，也起不到任何参考作用。

此外，相关性标注规范除了为标注者提供相关性判断标准外，标注页面上还针对每个任务提供了标题、描述和内容来源。针对这些词条解释如下：

1. 标题

即提问时所使用的关键词。例如，当使用关键词"美容养生"提问时，可能是想要了解美容养生店铺或了解美容养生小窍门等。

2. 描述

主要是对关键词意图的解释，明确告诉标注者该关键词到底是想要了解什么内容。例如，针对关键词"护发"给出描述为"了解护发知识"，则表明用户想要了解关于护发的生活常识或秘诀，此时如果所给的答案中给出的是护发产品介绍，则可判断为部分解答或无关解答。

3. 内容来源

即标注内容的来源链接，单击进入即可查看原始解答页面。在出现显示不全、乱码或其他显示错误的情况下，标注者可单击内容来源进入原始页面，从而做出准确判断。

（四）注意事项

在标注过程中，应注意以下事项：

（1）所有标注结果的判断应该按照标注规范严格执行，判断标准应保持一致不可出现偏差判断的情况。

（2）当所给结果中仅粗略提到了相关的主题时，应理解为答案中涉及这一议题，但未做出解答，因此判断为部分涉及。

（3）部分涉及与部分解答的区别在于，部分涉及仅仅涉及议题但并未给出有用的参考；而部分解答不仅涉及了议题，还给出了部分答案，但答案并不完整。

（五）系统使用

本规范依托于数据标注实训平台，对相关性标注的系统使用和操作进行说明。注意，此处所给出的标注页面内容仅做说明使用，其能够代表大部分同类需求，实际标注中所使用的系统可能会因需求不同而有所差异。

相关性标注实训任务的系统操作流程及步骤如下：

1. 进入任务实施页面

（1）进入实训中心页面

登录后自动进入实训中心页面，如图3-3所示。

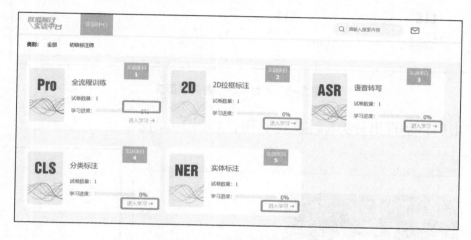

图3-3　实训中心页面

（2）进入任务实施页面

进入实训中心页面后，单击页面上的分类标注模块下的【进入学习】按钮，如图3-4所示，进入任务列表页面。

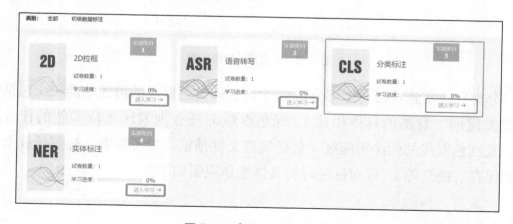

图3-4　【进入学习】按钮

在分类标注任务列表页面单击任意一个任务模块下的【进入学习】按钮，如图 3-5 所示，进入分类标注实施页面。

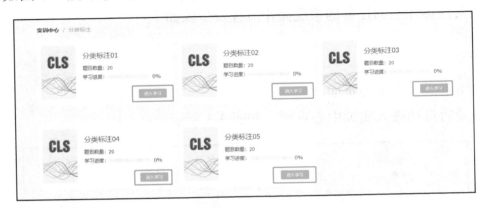

图 3-5　分类标注任务列表页面

单击后，呈现出分类标注实施页面，如图 3-6 所示。

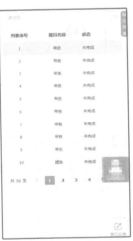

图 3-6　分类标注实施页面

分类标注实施页面大体可分为 3 个区，即黄色框线的描述功能区（包括标题或关键词、意图的具体描述）、绿色框线的任务列表区（待实施的任务列表）及红色框线的标注实施区（包括规范文件预览、参考答案、标签选择及结果的保存、提交等）。现对标注时的具体操作说明如下。

2. 标注页面操作详解

在本任务中，要针对一个练习题完成标注操作，需要用到如下按钮和步骤，按顺序说明如下：

（1）标注任务领取

打开任务实施页面后，会默认加载第一条题目，因此不需要额外做任务领取操作，此时，右侧列表中第一条题目编号会自动加深底色，呈选中状态，如图 3-7 所示。

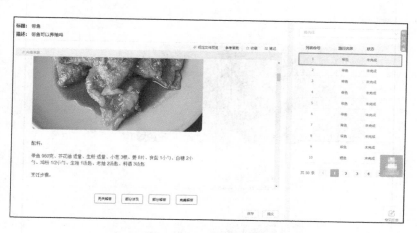

图 3-7　默认加载第一条题目

查看标题、描述和内容来源：页面上方的标题、描述及内容来源主要用于帮助标注者理解问题并为标注者提供判断依据。在标注过程中需要先了解该问题具体想要问什么，并根据给出的答案页面来判断答案页面能否回答问题或是否与问题有关系，如图 3-8 所示。

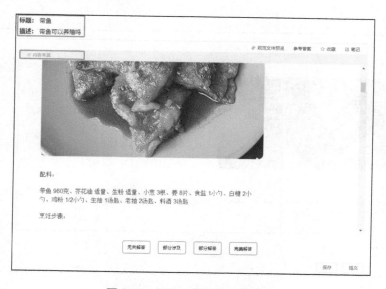

图 3-8　标题、描述和内容来源

（2）选择标签

在理解问题意图并做出相关性判断后，可从页面下方的标签选择区内选择对应的标签，单击相应的标签即可。例如在图 3-9 中，根据问题描述以及结果内容，单击【无关解答】标签即可。

图 3-9　单击【无关解答】标签（变为橙色）

选择标签后，如标注者认为自己选择的标签不正确，可在提交之前进行修改。修改方法为直接单击新的标签，单击【部分涉及】标签，如图 3-10 所示。

图 3-10　单击【部分涉及】标签

（3）保存

单击标签区下方的【保存】按钮可保存当前标注结果。保存的主要作用是，保存标注中状态下题目的中间结果，以免标注一半的结果意外丢失。单击【保存】按钮后，按钮会变成橙色并提示保存成功，如图3-11所示。

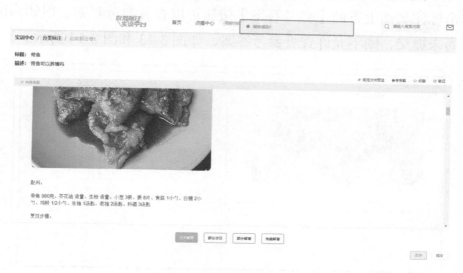

图 3-11　保存后的任务页面

（4）提交

单击【提交】按钮即为提交当前任务。单击【提交】按钮后，除了提交当前标注结果，还会呈现答案对比页面。答案对比页面会给出参考答案与学习者所提交答案的对比，明确给出错误点提示，如图3-12所示。

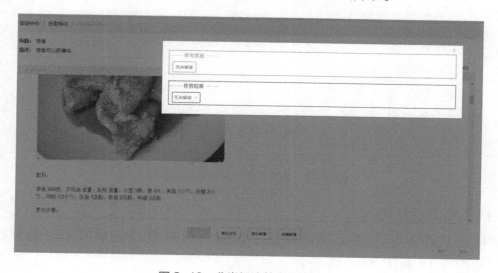

图 3-12　分类标注答案对比页面

（5）切换至下一题

单击【提交】按钮后，可单击答案对比页的【✕】按钮后手动单击任务列表中未完成的任务切换至下一题。对于已提交的题目，不能再修改。

（6）查看答案

单击标注页面上方的【参考答案】按钮可以查看参考答案。但如当前题目的结果尚未提交，则不允许查看参考答案，如图3-13和图3-14所示。

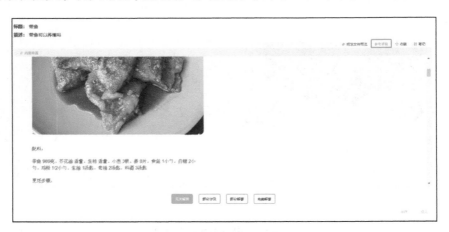

图3-13 单击【参考答案】按钮

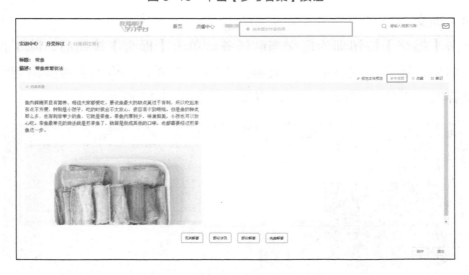

图3-14 提交前不允许查看参考答案

（7）查看标注规范

单击页面上的【规范文件预览】按钮，可查看当前最新的完整标注规范，如图3-15和图3-16所示。

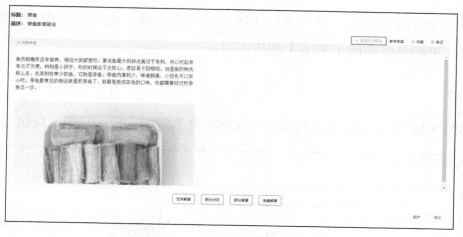

图 3-15　查看标注规范

相关性标注规范

（一）任务目标

本任务的主要目标是：

对所给关键词或问题与页面呈现答案之间进行对比，看答案是否能解答问题，解答的程度如何，并打上对应的标签；标签一共有四类，即完美解答、部分解答、部分涉及和无关解答。

（二）基本标注原则

标注应遵循下列三条基本原则：

（1）标注时，应全局查看，不可单纯地以某一个词为依据，例如，对于关键词"红烧鱼做法"，不可因为结果中体现了"鱼"而判断为"部分解答"；

（2）针对每个关键词给出的结果是否能完美地解答该关键词的问题，应参照对应的意图描述来判断，而不可自行猜测；

图 3-16　网页相关性标注规范

此外，为了更好地指导学习者操作，平台还在每个标注类型模块中与【进入学习】入口并列提供了相应的【学习引导】，如需查看分类标注学习引导，可随时单击查看，如图 3-17 所示。

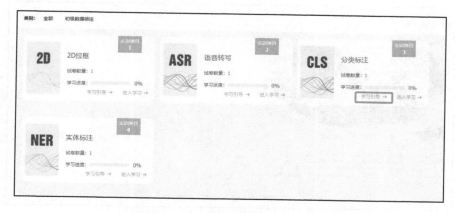

图 3-17　分类标注【学习引导】

对于学习引导操作，可以选择按照指定步骤完成，也可选择中途退出，如想退出，单击页面中的【关闭】按钮即可。

（六）标注样例

如图 3-18 至图 3-21 所示为按照本文标准在系统内完成的结果，仅供参考。

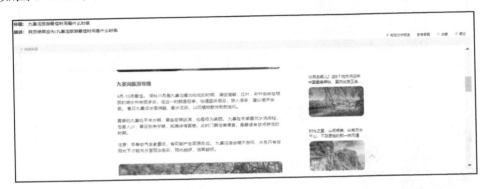

图 3-18　标注样例 1——【完美解答】

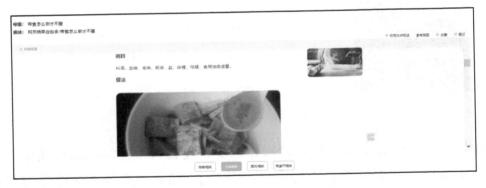

图 3-19　标注样例 2——【部分解答】

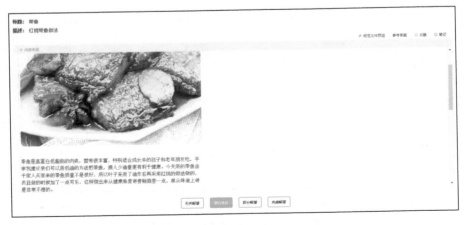

图 3-20　标注样例 3——【部分涉及】

标题：山西景点

描述：网页结果应为：山西有哪些好玩的景点

沈阳世博园：应是以沈阳植物园为基础扩建的，现在也是国家5A级旅游景区，沈阳世博园分为风之翼、百合塔、玫瑰园、百花馆四大建筑主体，其中玫瑰园最值得一去。在园中还有国内和国际的各个园区，百合塔的夜景也非常漂亮。

图 3-21　标注样例 4——【无关解答】

（七）项目案例分析

本节我们将参照上述规范，以下列 4 组检索结果为例进行分析，供读者参考。

案例 1：

标题：**响水天气预报**

描述：网页结果应包含：响水近期详细的天气预报

全国 > 江苏 > 盐城 > 响水					
今天	7天	8-15天	40天	雷达图	联播天气预报
周六（16日）	☁🌤	阴转雪	4℃/-3℃	东北风转北风	3-4级转<3级
周日（17日）	☁🌙	阴转晴	2℃/-6℃	北风转西风	<3级
周一（18日）	☀🌙	晴	5℃/-4℃	西风转南风	<3级
周二（19日）	☀🌙	晴	9℃/-3℃	东南风	<3级
周三（20日）	☀🌤	晴转雨夹雪	11℃/-1℃	东南风转北风	<3级

解析：案例 1 中标题为"响水天气预报"，根据意图描述可以确定，这是针对响水近期天气情况给出的结果，而图中的结果完全能够解答关键词的提问，因此可以判断为"完美解答"。

案例 2：

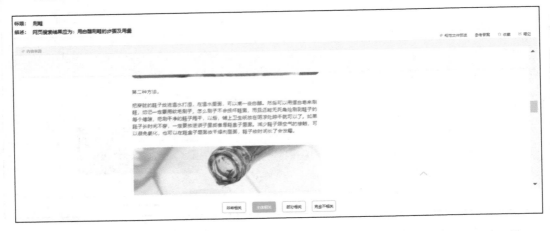

解析：案例 2 中标题的意图是"好用的护发产品"，而下方结果给出的是护肤知识，对于解答问题来说起不到任何帮助，因此应判断为"无关解答"。

案例 3：

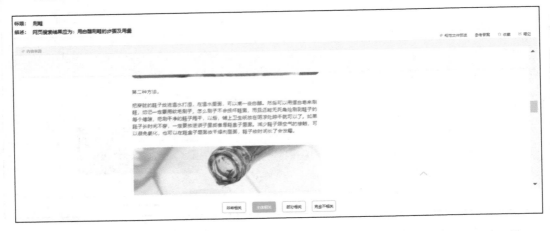

解析：案例 3 中标题的意图是要查找"用白醋刷鞋的步骤及用量"，而下方结果中给出了白醋刷鞋的基本操作步骤，但并未给出明确的白醋用量，比如3 滴、5 滴等，而只说了"一些"，因此属于给出了部分解答内容，而并未完整解答问题，所以应判断为"部分解答"。

案例4：

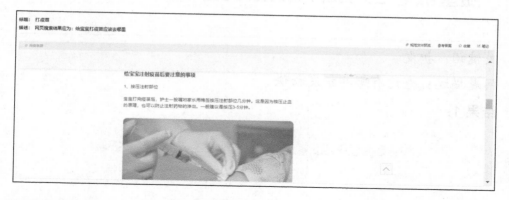

解析：案例 4 中标题的意图是"给宝宝打疫苗应该去哪里"，而下方结果中给出的却是打疫苗的注意事项，仅仅涉及了打疫苗的相关事项，但并未明确回答问题，属于略有涉及主题，可判断为【部分涉及】。

3.1.4 实训习题

 随堂练习 1： 判断下列关于句子意图的表达是否正确。

（1）"能告诉我哪家饭店有酸菜炒粉吗？"这句话是在询问酒店名称。

（2）"我想吃酸菜炒粉。"这句话是在告知我想吃的推荐菜。

（3）"我要去北京故宫。"这句话是在询问景点名称。

（4）"这家医院做个彩超能让人破产。"这句话是在抱怨医院价位高。

（5）"吃这家餐馆的馄饨要命啊。"这句话是在说这家餐馆做菜的口味不好。

（6）"为什么我的卡刷了没反应？"这句话是在询问如何换卡。

（7）"我这个症状是糖尿病吗？"这句话是在告知糖尿病的症状。

（8）"昨天半夜突然肚子疼是怎么回事儿？"与"突然肚子疼是什么原因？"两句所表达的意图相同。

（9）"您可以购买这款 V5 手机，价格比较便宜，才 1280 元。"这句话的场景是在为客户推荐手机。

（10）"服务员，麻烦将这件衣服包起来！"这句话的意思是"这件衣服我买了。"

随堂练习 2： 判断下列关键词与结果之间的相关性。

关键词：护发

问题描述：查询有哪些护发秘诀

结果 1：

游泳后头发干涩受损超崩溃 发型师教你玩水前头发护理

发布时间：2021-05-24　　护发养发秘诀　｜　如何护发养发秘诀　｜　护发超有效小秘诀

游泳前，先擦护发素防御

因卫生考量，在游泳前都会建议先全身淋浴，再换上泳衣，女生的话会建议可以趁着淋浴时，先在头发抹上护发素稍微顺过头发，再用水冲洗掉，这个动作有助于让发丝形成一个保护膜，减少池水化学物质的伤害。或是，在戴上泳帽前，先用梳子将头发梳顺，绑上三股辫后再将发束塞进泳帽内，游泳后再解开头发，会发现较不容易出现大纠结的情形喔！

游泳后，深层头皮清洁

发型师建议，小姐姐们可以准备两瓶不同功效的洗发精，一瓶是深层清洁；另一瓶可以是滋润型或平常惯用的洗发精。洗发前先抹护发素，将头发全顺开，避免纠结而在洗头过程拉扯断

结果 2：

秋分吃什么？秋天吃什么排毒养颜？10种食物必备

所属分类：护肤技巧　发布时间：2021-09-23

今天秋分了，秋天是干燥的季节，吃东西特别容易干燥上火，体内积累毒素。秋分吃什么？秋天吃什么可以排毒养颜？美妆护肤网小编为大家准备了10种最易找到的食材。秋分季节尽量少吃容易上火的食物，生津润体的食物才是最好的选择。一起来看看吧！

秋分吃什么1：地瓜

地瓜所含的纤维素松软，易消化，能促进肠胃蠕动，有助于排便。最好的吃法是烤地瓜，而且还把皮一起烤，一起吃，味道香甜可口。

秋分吃什么2：薏仁

结果 3：

这5件事最伤头发！

头发健康漂亮可以让女性看起来更加地迷人，有吸引力。虽然大部分的女性都有头发问题，不过有些情况
代表头发是健康的，像是每天掉发50～100根、丰厚柔软、有弹性、稳定增长，爱美的女性可以当作保养
的依据。

一、哪些头发迹象是正常的？

1、头发每天掉落

头发有它的生长周期，包括生长期、生长中期和休止期。每天损失50~100根头发是正常的。所以每天掉
落在枕头或衣服上的头发不代表头发虚弱或潜在问题。

结果 4：

出白发的原因

发布时间：2021-03-27　　　　浏览量：3228次

门诊提问：出白发的原因？最近一段时间发现我有白发现象，想了解一下长白发是什么原因引起的呢？
疾病解析：
　　长白发现象与工作生活压力、年龄、营养状况及慢性消化性疾病有一定的关系。在日常生活中患者应该注意
养成良好的作息规律、缓解工作生活压力、保持良好的精神状态、睡眠充足、营养要均衡。

相关文章

 随堂练习 3： 判断下列各组表达是否属于对同一意图的表达。

（1）最近电费怎么用得这么快？&自家电费使用情况到哪里查询？

（2）中级会计师证考试费需要多少钱？&中级会计师证考试的收费标准？

（3）农村土地植补标准哪里能查到？&农村土地植补一亩地给多少钱？

（4）车站必须留应急出口吗？&车站必须留应急出口的依据？

（5）毕业证怎么查询真假？&毕业证在哪个网站上查询真假？

（6）非教育专业的学生能考取教师资格证吗？&非教育专业毕业生可以考
取教师资格证吗？

（7）未满月的孩子吐奶怎么回事？&新生儿吐奶是什么原因？

（8）我的老师作文？&我的物理老师作文？

（9）锅太小了，鱼炖不下。&我这口大锅炖不下那么大的鱼。

（10）这事儿终于解决了，真的应该谢谢你！&没有你，这事儿也到不了这个地步，真得谢谢你！

3.2 命名实体标注

命名实体标注通常用于命名实体识别（NER）任务，也叫专名识别。NER是NLP中一项非常基础的任务，信息提取、问答系统、句法分析、机器翻译等很多NLP任务都离不开NER，所以在文本标注中，实体标注属于语义理解类标注的最基本任务类型。

3.2.1 认识命名实体及实体标注

要解开实体标注之谜，首先要了解什么是命名实体。事实上，命名实体指的是文本中具有特定意义或指代性强的专有名词，例如，人名（王小花、李三毛）、地名（北京、上海）、组织机构名（SAE）等。其中，"人名""地名""组织机构名"属于实体类别，而实体类别后括号内的值"王小花""北京""SAE"等是被识别出来的具体实体词。

当然，在实际标注工作中，实体类别并非只有这几类，而每个标注任务的实体类别也并不是固定的。例如，任务1可能需要标注人名、地名、公司名，但任务2可能需要标注部队名、产品名、武器名等。所以，实体这个概念可以很广泛，只要是符合业务需要的、具有特定意义的文本片段（专有名词）都可以被称为实体，例如，《西游记》（书名）、《八骏全图》（画作名）等。而每个任务需要标注哪些实体类别主要是由两个方面决定的：一是原始文本所属领域不同，导致在确定实体类别时侧重点不同；二是需求者的实际需求有差异。如前面所述的例子，任务1只需要标注人名、地名等通用类别，很可能是因为原始文本本身并不是专业领域的文本；而任务 2 则很有可能是军事领域的文本，所以才会要求标注武器名等实体。而在针对某次标注任务准备原始数据时，需求者往往会按照真实需求去筛选文本，确保能够得到更多想要的标注结果。

尽管实体类别会因为文本领域不同而产生变化，但业内人士仍然基于较长时期的应用经验总结出了所有领域文本通用的实体类别，常见实体类别如表 3-2 所示。

表 3-2 常见实体类别

实体英文名称	实体释义	举例
PERSON	人名	史密斯
LOCATION	地名	北京
DATE	日期	2020 年 6 月 20 日
TIME	时间	下午 3：00
MONEY	金额	¥2000
PERCENT	百分比	3%
POST	职务	总统、总理、副主任
COUNTRY	国家	中国
ORGANIZATION	组织机构	北沟小学
COMPANY	公司	辽宁盘石数据科技有限公司

表 3-2 为行业内 10 种通用的实体类别，也是实际实体标注任务中常见的类别。通过表格中的例子，我们可以看出，这些例子都是有特指意义的，换言之，也就是看到这些例子之后，我们的脑海中能够很直观地反映出这些例子说的到底是谁，其所表达的层次是怎样的。这种特指性也是命名实体的本质所在，实体必须是具有指向性的特指词，如果只是一个泛指词，则失去命名实体的本质意义，也就不能称之为命名实体了。

由上述分析，我们得出一个结论，那就是：只有特指词才能作为命名实体，所以在将一个词标为命名实体之前，首先要看这个词是否有特指意义，如果没有，则是泛指，这个词也就不能标为实体。

以下面两个目标词为例：

目标词 1：公司

目标词 2：天山数字娱乐有限公司

在上述两个词中，目标词 1 只是泛指的公司，并没有对应到具体的某一

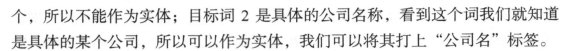

个，所以不能作为实体；目标词 2 是具体的公司名称，看到这个词我们就知道是具体的某个公司，所以可以作为实体，我们可以将其打上"公司名"标签。

再比如：

目标词 3：医院

目标词 4：盛京医院

依然是同样的道理，目标词 3 不能作为实体，目标词 4 可以作为实体。

在了解命名实体的判断依据之后，我们进一步探讨实体标注。按照实施过程来定义，实体标注是指从原始文本中找出所需类别的实体，并针对这些实体加上实体类别标签。例如，针对"盛京医院"一词，加上"组织机构"的标签；针对"PAC-3 MSE"一词，加上"导弹名"标签等。这些只是简单的举例，这里不再详细说明。需要了解的是，不同领域可能需要标注不同的实体类别。例如，在医药领域，需要标注药品名、医疗器械型号等；在政治领域，可能需要标注会议名称、领导人名称等；在法律领域，则需要标注人名、罪名、被告人等。在本节实训中，我们主要以通用领域文本为载体进行通用类别实体的标注训练，希望初学者在熟练掌握实体标注的精髓后，能够做到举一反三，对其他领域的实体标注也能做到准确理解。

3.2.2 命名实体标注实训之通用实体标注

命名实体的标注实训以通用领域数据为载体，采用通用实体的标注规范。本节仅提供 8 种通用类别实体的标注规范，以便于初学者入门。规范中明确规定了各类实体的判断依据、标准和边界定义，同时给出了系统的操作页面和相应的分析案例。在进入实际训练之前，要仔细阅读并理解标注规范，确保在掌握规范要求的前提下实施训练，从而更好地理解实体标注任务。

（一）通用实体标注规范

1. 任务目标

本任务的主要目标是：

从所给的文本中找出命名实体，并给实体加上对应的实体类别标签，实体标注共有 8 类实体，包括 COM（公司）、ORG（组织机构）、PER（人名）、LOC（地名）、DAY（日期）、TPT（时间点）、POST（职务）、MNY（货币额度）。

2. 基本标注原则

标注应遵循下列基本原则：

（1）不得有疏漏标记，所选的实体词不得出现多词或漏词现象，例如，在文本"千山有限公司于 2018 年……"中，不能出现"山有限公司"或"千山有限公司于"等类似的情况。

（2）同属于一个实体词的所有文字，必须一次性同时选中，加上实体类别标签，不可为了方便而在已有标记的基础上单独增补标签。例如，对于"副总经理"一词，若第一次因误操作仅标记了"总经理"，则需要将原有的标记去掉后重新选中"副总经理"一词加上标签，而不应再单独将副加上"职务"标签，此做法虽然在页面上呈现的结果与一次性标注的结果没有区别，但会导致错误的导出结果。

（3）仅标注明确特指项，所有泛指项均不标注。例如，标注"辽宁盘石数据科技有限公司"，而不标注"公司"。

（二）具体说明

针对各实体类别的具体说明及边界定义如下：

1. COM：公司

公司主要是指以经商、提供服务等以盈利为目的的机构，例如××有限公司/有限责任公司/集团/股份有限公司/交易所，具体类别定义如下：

（1）商业团体（公司、企业、工厂）：【盘石数据】【中国平安保险股份有限公司】。

（2）媒体：【央视】【人民日报】。

（3）娱乐：【迪士尼】。

（4）酒吧、饭店：【嗨串店】。

2. ORG：组织机构

一切属于非公司的团体、组织、政府都可以标注为组织机构，包括组织和机构两种，例如××医院、××救援队等。具体规定如下：

（1）学校&科研院所：苏州大学、中国科学院植物研究所。

（2）国际组织：中国计算机学会、亚洲太平洋经济合作组织。

（3）派别：少林派、田园派。

（4）政府部门：中华人民共和国外交部。

（5）政党或党派：中国共产党。

（6）宗教：佛教、伊斯兰教、道教。

（7）娱乐：VE 电子竞技俱乐部。

（8）体育比赛类：2008 年北京奥运会、NBA（美国职业篮球联赛）、世锦赛。

（9）虚构的机构：S.H.I.E.L.D.。

（10）其他：包括医院等。

3. PER：人名

（1）标准人名：【张小红】，但如果只含姓，没有名，则只标注姓，例如，【张】【赵】大战。

（2）"姓名/姓/名+称谓"或"称谓+姓名/姓/名"组合形式，只标姓氏，例如，【周】总、【王芳】经理。

（3）"姓名/姓/名+后缀"或"前缀+姓名/姓/名"组合形式，只标姓氏，例如，【李】爷爷、【王】总、老【刘】。

（4）外国人名，需要标注全称：【安妮】【Alexander Wu】。

（5）固定团队或组合：【哼哈二将】【五虎上将】。

4. LOC：地名

（1）洲：【亚洲】【欧洲】【非洲】。

（2）国家：【中国】【俄罗斯】。

（3）区域：【长江三角洲】【东南亚】。

（4）省&直辖市：【江苏】【北京】【上海】。

（5）城市：【苏州】【伦敦】。

（6）县&区：【姑苏区】。

（7）乡镇：【同里镇】。

（8）宇宙天体：【地球】【月亮】。

（9）街道：【天山中路】。

（10）店面：【南风小铺】【来一碗面】。

（11）公共设施：【虹桥机场】【××纪念馆】。

（12）旅游景点：【长城】【西湖】。

（13）地铁：【北陵站】【保罗线】。

（14）边界：【三八线】【北极圈】。

（15）海洋&河流&湖&海峡：【太平洋】【长江】【太湖】【英吉利海峡】。

（16）其他：煤矿、军区、草原等。

5. DAY：日期

（1）以数字或文字形式表示的年月日：【2018年1月1日】【二〇一八年一月一日】。

（2）节日：【元旦】【春节】【劳动节】。

（3）节气：【春分】【立夏】【秋分】【冬至】。

（4）农历日期：【二〇一八年正月初一】【一九九二年正月】。

（5）星期词：【周一】【星期一】。

（6）表示年的词：【年初】【年末】。

（7）表示月的词：【月初】【月中】【月末】。

（8）表示日的词：【昨天】【今天】【后天】。

6. TPT：时间点

（1）时间：（中文）【三点一刻】。

（2）时间：（阿拉伯数字）【3点15分】。

（3）时间：（符号）【3：15】【3：15 pm】。

（4）表示一天中某一时间的词：【上午】【下午】【晚上】【黄昏】【凌晨】。

7. POST：职务

组织机构中有职权的岗位名称，例如，教务处长、秘书长、处长、主席、经理、董事等。

8. MNY：货币额度

（1）英式货币写法：共计贷款【1,000,000CNY】。

（2）中文发票写法：金额【叁佰万元】。

（3）口语式：【两块五】一瓶、【三毛八】一袋。

（4）中文正式表达：价值【人民币三百万元】。

（5）"中英"结合式表达：【三千RMB】【3,000人民币】。

（三）注意事项

关于各类实体的注意事项如下：

1. 关于公司和组织机构

（1）本规范所标记的公司或组织机构是指能够独立成为一个组织的公司或组织机构，因此公司的某个部门无须标注，例如"人民银行资管部"，此处仅将"人民银行"标记为公司即可。

（2）标注公司时，要注意与人名区分开，有些公司名与人名类似，例如"麦肯锡调查数据"，这里的"麦肯锡"为公司，并非人名。

（3）若地名在公司名和组织机构名内，则将地名作为公司或组织机构的一部分进行整体标注，例如"沈阳新艺城公司"，"沈阳"不再另行标注为LOC。

（4）有些公司或组织机构名称会采用简写形式，例如"辽宁盘石数据科技有限公司"可能会被简写成"盘石数据"或"盘石"，在标注时同样标注成COM，同时对于公司或组织机构带缩写的形式，例如"河洛数据（HLD）"，应将"河洛数据"和"HLD"分别标注为COM。

（5）银行全称一般为"××银行股份有限公司"，因此统一标注为公司名，不可标注成组织机构。

（6）对于"组织机构/公司+分部或分公司"的情况，应统一标注为组织机构或公司，例如"安太公司北京分部"应统一标注为COM。如果两者被其他字断开，则分公司不做标注，例如"安太公司的北京分部"，只标注"安太公司"为COM。

2. 关于人名

（1）【哼哈二将】【五虎上将】是 PER，这类明显代表特定人员组成的团队的词语可以是 PER。团队和组织的区别是，团队中的人员是明确的固定的，而组织里的人员随时会发生变化。

（2）对于"人名（英文名）"的情况，将两个人名分开标注，不应将括号包括在内（公司名、机构名标注方法同人名），例如"郑女士（Sharon）"，应将"郑"标注为人名，再将"Sharon"标注为人名。

（3）对于"姓+某（或某某）"的组合结构，只标注姓为人名；但如果结构是"姓+某+名"组合形式，则需要把该组合整体标注为人名。例如，刘某某、王某，标注"刘""王"为人名；张某东、刘思某，标注"张某东""刘思某"为人名。

3. 关于地名

（1）地名和公司或组织机构往往会存在很多交集，许多实体会同时具备 LOC 和 ORG 两种实体属性，此时需要根据上下文来确定。例如"盘石第一次股东大会在盘石数据举行"，"盘石"属于公司名，"盘石数据"则充当了地点，属于地名。

（2）交通点，例如公交车站、地铁站等，可默认标注为 LOC。

（3）省市同时出现的地名需整体标注，例如"辽宁省沈阳市工业展览馆"。

（4）以人名或地名命名的地点要整体标注为地名，例如，"南京路""逸夫楼"。

（5）泛指的地名不标注，例如沿线国家、自贸区等。

（6）任何情况下，国家、省、市等行政区域都标注为地点。

（7）地名+机构名的情况，若删除这个地名后所剩部分不再是一个具有特指性的机构名，则该地名必须保留在机构名中，例如"沈阳世界"，去掉"沈阳"之后不成具体的词，因此需要将"沈阳世界"整体标注为地名。

4. 关于时间点和日期

（1）仅标注有具体指向作用的时间，即能对应到相应日子的时间，对于仅仅是为了表示时间长短的概念性时间数量不做标注，例如"十天""一小时""半月"等类似的词都表示时间长度，而无法定位到具体的某个时间段，因此无须标注。

（2）在本规范中，日期与时间点的区别标准为：日期是指大于等于 1 天的时间词，例如"昨天"是指昨天一整天，因此属于日期；相应地，小于 1 天的时间词属于时间点，例如"上午"仅指半天时间，因此标注为时间点。

（3）根据风俗或规律等已形成固定节日的词也可以标注为日期，例如"双十一""情人节"。

（4）时间或日期后带有"全天""当天""准点"等字眼的词，仅将表示时间或日期的词标注相应的属性，"全天""当天"等字眼无须标注，例如"5 月 19 日当天"，只标注"5 月 19 日"，不标注"当天"。

（5）针对个体的纪念日、生日等不算节日，无须标注，例如"15 岁生日""结婚 20 周年纪念日"等无须标注。

5. 关于职务

（1）如果是以"职务 1 兼职务 2"形式体现的一人身兼多职的情况，应将"职务 1 兼职务 2"整体标注为一个职务，例如"Y 国经济促进协会副秘书长兼人事部主任苏珊"，其中需要将"副秘书长兼人事部主任"整体标注为一个职务。但是如果两个职务之间有顿号分隔，则需要单独标注，例如"CEO 兼执行总裁、董事长"，需要将"CEO 兼执行总裁"整体标注，"董事长"单独标注。

（2）"董事""独立董事""股东""控股股东""法人""创始人"等都属于职务。

（3）"记者""责任编辑""专家""教授""老师""记录员""研究员""院士"等表示职业或职称的词，无须标注为职务。

（4）职务名称要标注完整，例如"副总经理"，要全部标注，不能将"副"字单独剔除。

（5）若出现"公司+部门+职位+姓名"的形式，要将部门和职位标注到一起，选择职位标签，例如"H 银行资管部部长李梅"，要将"资管部部长"标注为职位。

（6）表示"前职务"意思的职务名称，整体不标注，例如"前总经理"，整体不标注，也无须将"总经理"单独标注为职务。

（7）注意军衔与职务的区分，军衔或头衔都不标注，例如"上校""公

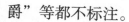

爵"等都不标注。

6. 关于MNY（货币额度）

（1）对于金额，表示约数的词，如果去掉之后影响数额大小，则需要与具体金额共同标注，例如"50元以上"，表示的是"超过50元"，如果去掉则不能表示"更多"的意思，所以需要将"50元以上"整体标为金额；同理，"约合50元"也要整体标注。

（2）如约数词与金额被括号分开，则无须标注约数词，例如"200元（25美元）"以上，这里只分别标注"200元"以及"25美元"为金额，约数词"以上"无须标注。

（四）系统使用

本实训任务通过数据标注实训平台完成，关于系统登录的具体事项已在本书第2章中详细说明，因此本规范仅对进入实训任务的步骤以及具体的页面操作过程进行讲解。需要特别说明的是，此处所给出的标注页面内容仅做说明使用，其并不是实际训练中的任务内容。

本实训任务从系统登录后到一条任务完成的操作流程及步骤如下：

1. 进入任务实施页面

（1）进入实训中心页面
登录后自动进入实训中心页面，如图3-22所示。

图3-22　实训中心页面

（2）进入任务实施页面

进入实训中心页面后，单击页面上的实体标注模块下的【进入学习】按钮，进入任务列表页面，如图3-23所示。

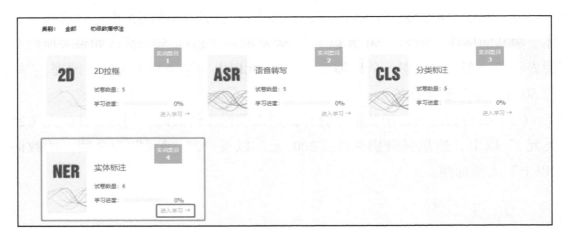

图3-23　单击【进入学习】按钮

在实体标注任务列表页面单击任意一个任务模块下的【进入学习】按钮，如图3-24所示，进入实体标注实施页面。

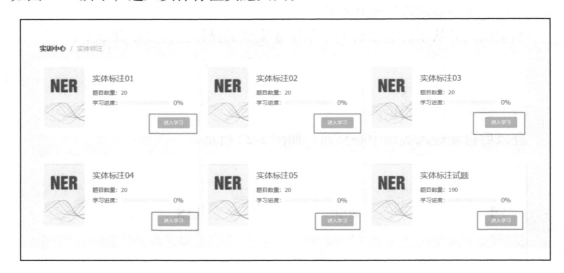

图3-24　实体标注任务列表页面

单击后，呈现出实体标注实施页面，如图3-25所示。

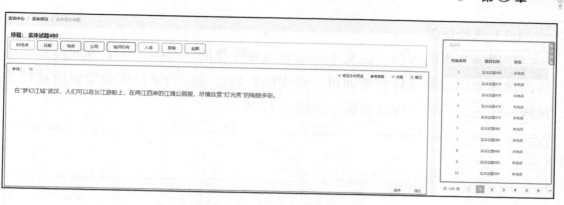

图 3-25　实体标注实施页面

实体标注实施页面大体可分为 3 个区，即黄色框线的标签选择区，主要用于选择实体标签；绿色框线的任务列表区，用于显示待实施的题目；红色框线的标注实施区，用于选中待标注的实体字符串，字号调整及规范文件预览、参考答案的查看等也在此区域实现。现对标注时的具体操作说明如下。

2. 标注页面操作详解

在本任务中，要完成标注操作，需要用到如下按钮和步骤，按顺序说明如下：

（1）标注任务领取

打开任务实施页面后，页面会默认加载第一条题目，因此不需要额外做任务领取操作。此时，右侧列表中第一条题目编号会自动加深底色，呈选中状态，如图 3-26 所示。

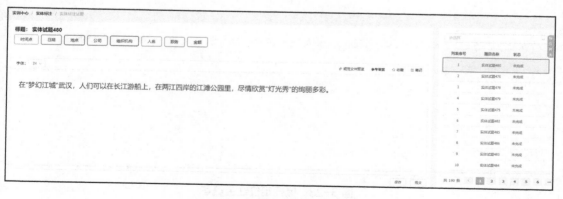

图 3-26　默认加载第一条题目

（2）选择标签

在理解文本内容后，在文本区域划选要标注的字符串，从上方的标签选择区内选择要标注的实体标签即可。选中标签后，选定的字符串会变成所选标签框线的颜色，并带有标签名称。如图3-27所示。

图 3-27　被标记后的字符串

选择标签后，如认为自己选择的标签不正确，可在提交之前进行修改。修改方法为：将鼠标定位到已被标记的字符串上，字符串后方会显示出红色底色的▇号，如图3-28所示。

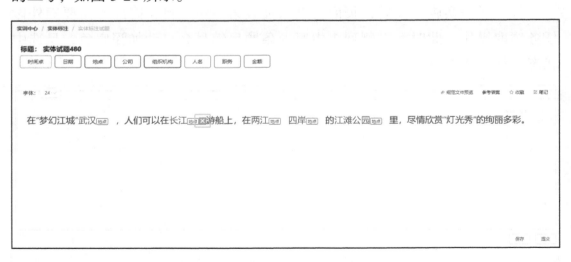

图 3-28　鼠标定位红色▇号

单击红色▇号取消原始标签，取消后，该字符串会变成标记前的状态，即黑色字体，如图 3-29 所示。

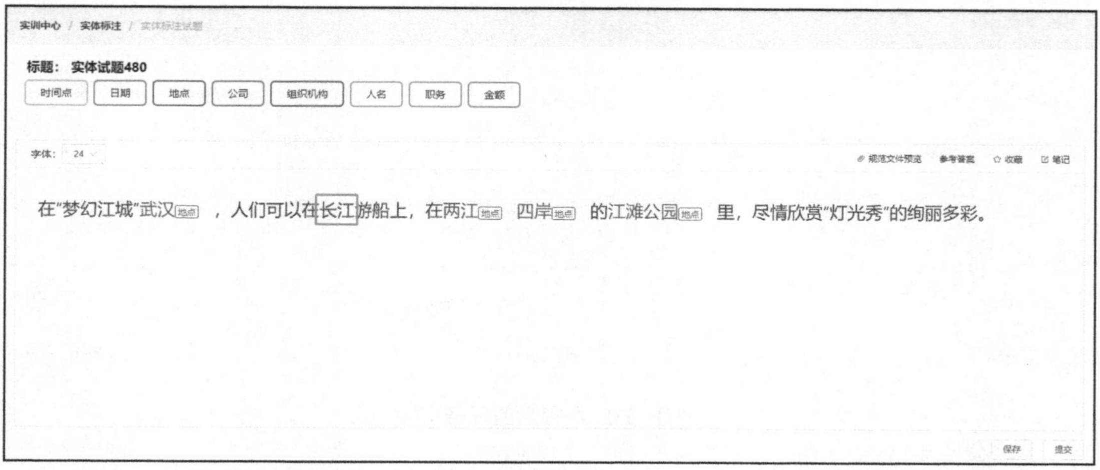

图 3-29　取消实体标签后的字符串

取消原有实体标签后，重新为该字符串划选新的实体标签即可。

（3）字体大小设置

如感觉页面字体过大或过小，可通过页面上方【字体】下拉列表框来选择合适的字号，如图 3-30 所示。

图 3-30　字体大小设置

（4）保存

单击页面下方的【保存】按钮可保存当前标注结果。保存的主要作用是，保存标注中状态下的中间结果，以免标注完成一半的结果意外丢失。单击【保存】按钮后，按钮会变成橙色并提示保存成功，如图 3-31 所示。

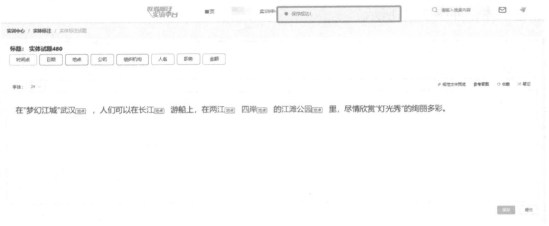

图 3-31　保存后的任务页面

（5）提交

单击【提交】按钮提交当前任务。单击【提交】按钮后，除了提交当前标注结果，还会呈现答案对比页面。答案对比页面会给出参考答案与学习者所提交答案的对比，明确给出错误点提示，如图 3-32 所示。

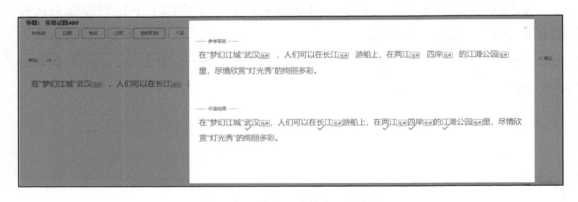

图 3-32　实体标注答案对比页面

（6）切换至下一题

单击【提交】按钮后，可单击答案对比页的【✕】按钮后手动切换至下一题。对于已提交的题目，不能再进行修改。

（7）查看答案

单击标注页面上方的【参考答案】按钮可以查看参考答案。但如当前题目的结果尚未提交，则不允许查看参考答案，如图 3-33 和图 3-34 所示。

图 3-33　单击【参考答案】按钮

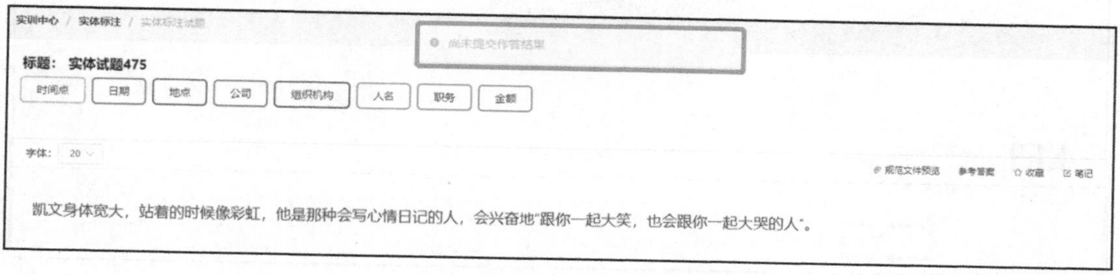

图 3-34　提交前不允许查看参考答案

（8）查看标注规范

单击页面上的【规范文件预览】按钮，可查看当前最新的完整标注规范，如图 3-35 和图 3-36 所示。

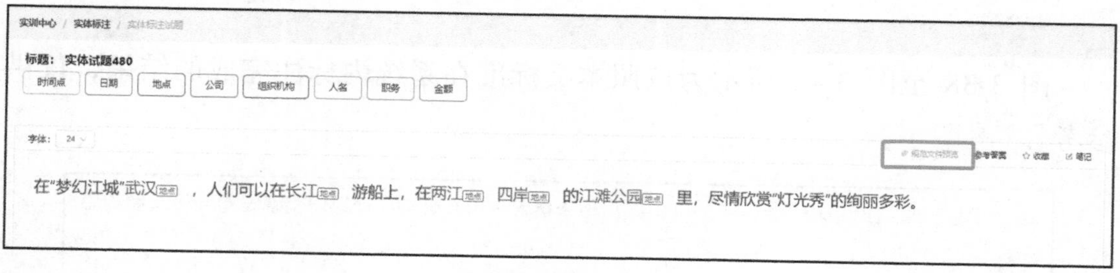

图 3-35　查看标注规范

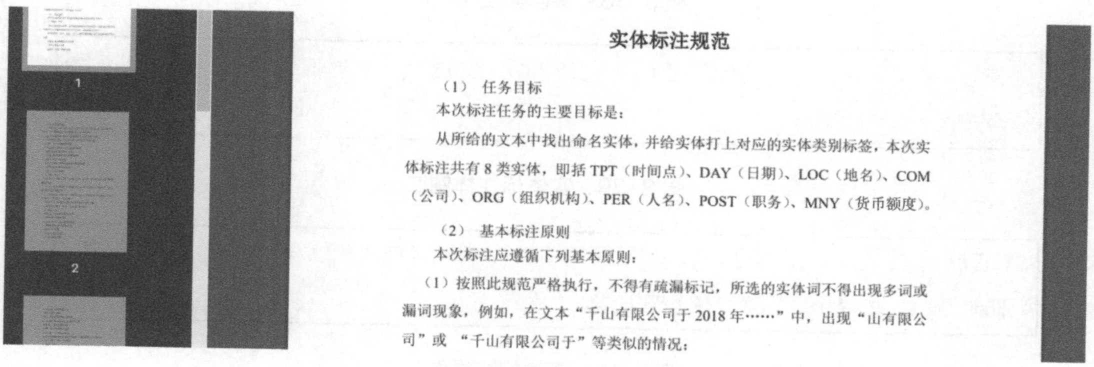

实体标注规范

（1）任务目标

本次标注任务的主要目标是：

从所给的文本中找出命名实体，并给实体打上对应的实体类别标签，本次实体标注共有 8 类实体，即括 TPT（时间点）、DAY（日期）、LOC（地名）、COM（公司）、ORG（组织机构）、PER（人名）、POST（职务）、MNY（货币额度）。

（2）基本标注原则

本次标注应遵循下列基本原则：

（1）按照此规范严格执行，不得有疏漏标记，所选的实体词不得出现多词或漏词现象，例如，在文本"千山有限公司于 2018 年……"中，出现"山有限公司"或 "千山有限公司于"等类似的情况；

图 3-36　实体标注规范

此外，为了更好地指导学习者操作，平台还在每个标注类型模块中与【进入学习】入口并列提供了相应的【学习引导】，如需查看实体标注学习引导，可随时单击查看，如图 3-37 所示。

实训类目 1
2D
2D拉框
试卷数量：1
学习进度： 0%
学习引导 →
进入学习 →
实训类目 2
ASR
语音转写
试卷数量：1
学习进度： 0%
学习引导 →
进入学习 →
实训类目 3
CLS
分类标注
试卷数量：1
学习进度： 0%
学习引导 →
进入学习 →
实训类目 4
NER
实体标注
试卷数量：1
学习进度： 0%
学习引导 →
进入学习 →

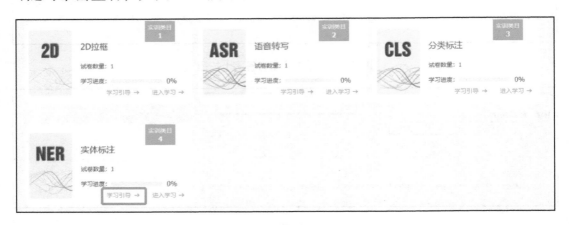

图 3-37　实体标注【学习引导】

对于学习引导操作，可以选择按照指定步骤完成，也可选择中途退出，如想退出，单击页面中的【关闭】按钮即可。

（五）标注样例

图 3-38 至图 3-42 所示为按照本文标准在系统内标注完成的结果，仅供参考。

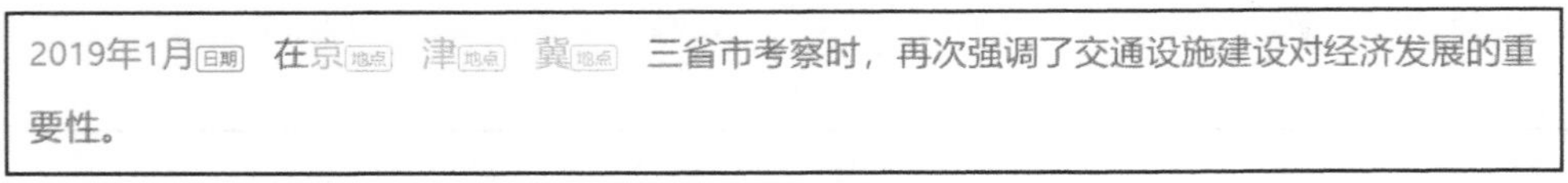

2019年1月日期 在京地点 津地点 冀地点 三省市考察时，再次强调了交通设施建设对经济发展的重要性。

图 3-38　实体标注样例一

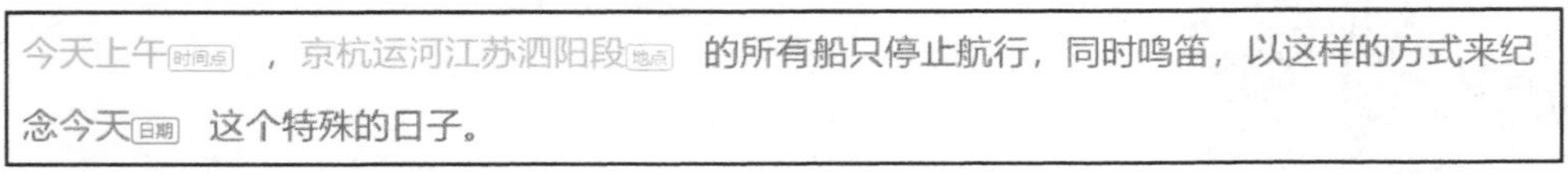

今天上午时间点 ，京杭运河江苏泗阳段地点 的所有船只停止航行，同时鸣笛，以这样的方式来纪念今天日期 这个特殊的日子。

图 3-39　实体标注样例二

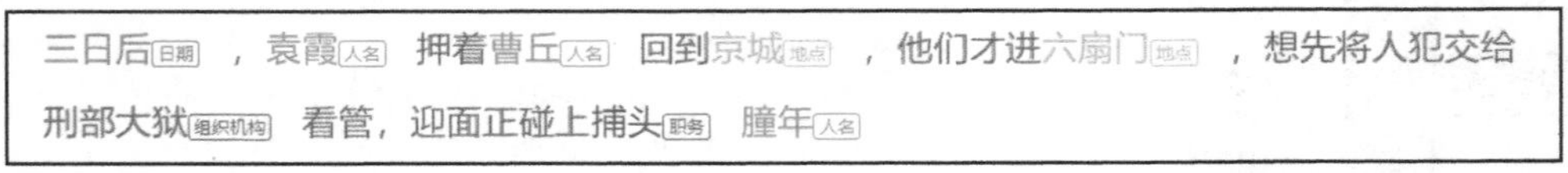

三日后日期 ，袁霞人名 押着曹丘人名 回到京城地点 ，他们才进六扇门地点 ，想先将人犯交给刑部大狱组织机构 看管，迎面正碰上捕头职务 瞳年人名

图 3-40　实体标注样例三

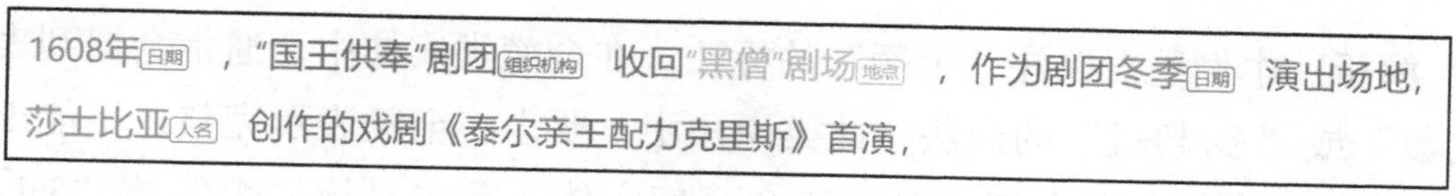

1608年[日期]，"国王供奉"剧团[组织机构] 收回"黑僧"剧场[地点]，作为剧团冬季[日期] 演出场地，莎士比亚[人名] 创作的戏剧《泰尔亲王配力克里斯》首演，

图3-41　实体标注样例四

秦升[人名] 控制了皇帝百官，便想攻打荆州[地点] 的刘布[人名]，谋士[职务] 阎巡[人名] 却献出一计

图3-42　实体标注样例五

（六）项目案例分析

本节将针对下列文字进行实体标注案例分析：

案例1：

从羽田机场飞特拉维夫机场需要十二个小时以上，再乘私人飞机到目的地需要大约两个小时。加上日本和以色列有七个小时时差，他们回到故土的时候，时间已经是下午了。

解析：在本例中，主要涉及的是"地名"及"时间"的标注。显然，"羽田机场"和"特拉维夫机场"均表示地点，标注为"地名"。需要特别注意的是，规范中并没有设置"国家"的实体类别，当遇到国家实体时，将国家视为"地名"。因此，在本例中，"日本"和"以色列"均标注为"地名"。此外，本例中还涉及了"时间"实体，"下午"标注为"时间点"。需要强调的是，句子中还存在一些表示时间长度的词，例如"十二个小时""两个小时""七个小时"，这些均表示时间长度，属于数量单位，并非对具体时间点或日期的表示，因此无须做任何标注。通过分析，可以得出本案例的实体标注结果如下：

从【羽田机场@地名】飞【特拉维夫机场@地名】需要十二个小时以上，再乘私人飞机到目的地需要大约两个小时。加上【日本@地名】和【以色列@地名】有七个小时时差，他们回到故土的时候，时间已经是【下午@时间点】了。

案例2：

展会现场交易额为3.1亿元；签约12个重点项目总投资金额逾600亿元；博览会线上、线下交易总额达5.37亿元，较上届增长31.7%。

解析： 本例重点关注"金额"的标注。在金额类实体中，通常会遇到表示"约数"或"多/超过"的说法，此类说法中，要求将金额表示完整，不能出现语义缺失的情况。在本例中，有三个金额实体，首先是第一个实体"3.1 亿元"，表示的是一个确切的数字，因此直接标注为"金额"即可；第二个实体是"逾 600 亿元"，该实体中"逾"表示超过的意思，不可去掉，如果去掉则仅表示"600 亿元"的确切数字，与"逾 600 亿元"所表达的意义存在偏差，这里应将"逾 600 亿元"统一标注为"金额"实体；第三个实体为"达 5.37 亿元"，此处的"达"表示达到的意思，去掉之后不会让金额变多或变少，因此无须将"达"标注在实体内，仅将"5.37 亿元"标注为"金额"实体即可。通过分析，可以得出本案例的实体标注结果如下：

> 展会现场交易额为【3.1 亿元@金额】；签约 12 个重点项目总投资金额【逾 600 亿元@金额】；博览会线上、线下交易总额达【5.37 亿元@金额】，较上届增长 31.7%。

案例 3：

> 去年六月的一天，张某某（Erick）从巴西圣保罗家中的楼梯上滑落。他的妻子安娜（化名）急忙赶到丈夫身边，掏出一个便携式血氧仪。

解析： 本例重点关注"人名"的标注。文中有两个人名实体，即"张某某（Erick）"和"安娜"，需要注意的是，"张某某"是一个代称，按照规范中规定，仅标注"张"为"人名"实体即可。另外，如中文人名后带有英文名，需要将英文名单独标注，本句中"Erick"要单独标注为"人名"。"安娜"一词属于标准的人名实体，无须过多讨论。除了人名实体外，本例中还有"日期"实体"去年六月"以及地名实体"巴西圣保罗"。通过分析，可以得出本案例的实体标注结果如下：

> 【去年六月@日期】的一天，【张@人名】某某（【Erick@人名】）从【巴西圣保罗@地名】家中的楼梯上滑落。他的妻子【安娜@人名】（化名）急忙赶到丈夫身边，掏出一个便携式血氧仪。

案例4：

> 反映四季变化的节气有立春、春分、立夏、夏至、立秋、秋分、立冬、冬至 8 个节气，其中立春、立夏、立秋、立冬齐称"四立"，表示四季开始的意思；反映温度变化的有小暑、大暑、处暑、小寒、大寒 5 个节气；反映天气现象的有雨水、谷雨、白露、寒露、霜降、小雪、大雪 7 个节气；反映物候现象的有惊蛰、清明、小满、芒种 4 个节气。

解析： 本例重点关注"日期"的标注。需要了解的是，日期类实体不仅有"××年××月××日"一类的说法，还包括能确定一段时间或日期的表达，例如"去年""三伏天"等。本句中的节气也是如此，表示具体节气的词都可以标注为"日期"实体。通过分析，可以得出本案例的实体标注结果如下：

> 反映四季变化的节气有【立春@日期】、【春分@日期】、【立夏@日期】、【夏至@日期】、【立秋@日期】、【秋分@日期】、【立冬@日期】、【冬至@日期】8 个节气，其中【立春@日期】、【立夏@日期】、【立秋@日期】、【立冬@日期】齐称"四立"，表示四季开始的意思；反映温度变化的有【小暑@日期】、【大暑@日期】、【处暑@日期】、【小寒@日期】、【大寒@日期】5 个节气；反映天气现象的有【雨水@日期】、【谷雨@日期】、【白露@日期】、【寒露@日期】、【霜降@日期】、【小雪@日期】、【大雪@日期】7 个节气；反映物候现象的有【惊蛰@日期】、【清明@日期】、【小满@日期】、【芒种@日期】4 个节气。

案例5：

> 早上 5 点 30 分，三好公交总公司 225 路队队长王平（化名）早早来到公司，做早班车发车的准备。细心地擦拭车窗、认真地打扫车内每一寸地面。

解析： 本例重点关注"职务及公司"的标注。当出现"公司名+部门+职务"组合时，应将公司名单独标注，将"部门+职务"统一标注为职务，所以本例中，"三好公交总公司"标注为"公司"，"225 路队队长"标注为职务。本句还出现了连续的时间表达"早上 5 点 30 分"，整体标注为"时间点"即可。通过分析，可以得出本案例的实体标注结果如下：

> 【早上 5 点 30 分@时间点】，【三好公交总公司@公司】【225 路队队长@职务】【王平@人名】（化名）早早来到公司，做早班车发车的准备。细心地擦拭车窗、认真地打扫车内每一寸地面。

案例 6：

> 工业和信息化部深入落实制造强国、网络强国建设和数字经济发展战略，加快完善新型基础设施建设，数字经济发展势头十分强劲。

解析： 本例重点关注"组织机构"的标注。本句中，"工业和信息化部"是典型的国家机关，应标注为"组织机构"实体。通过分析，可以得出本案例的实体标注结果如下：

> 【工业和信息化部@组织机构】深入落实制造强国、网络强国建设和数字经济发展战略，加快完善新型基础设施建设，数字经济发展势头十分强劲。

● 3.2.3　实训习题

 随堂练习 1： 请判断下列所给出的词语是否适合作为实体。

（1）碧塘公园

（2）中医门诊

（3）上海

（4）阿尔卑斯山

（5）数据标注

（6）社区

（7）大年三十

（8）总经理

（9）小猪佩奇

（10）"三个代表"重要思想

（11）小鱼商铺

（12）《钢铁是怎样炼成的》

（13）我的老师

（14）笔记本电脑

（15）奋斗者们

（16）斜杠青年

（17）共享单车

（18）"爱尚"发艺

（19）湖泊

（20）1993 年

随堂练习 2： 请按照本节所给规范对下列文本进行命名实体标注，并说出各句中分别有哪些词不属于本规范所给的实体类别但可以作为实体。

（1）老汪在开封上过七年学，在延津也算有学问了。老汪瘦，留个分头，穿上长衫，像个读书人；但老汪嘴笨，还有些结巴，并不适合教书。也许他肚子里有东西，但像茶壶里煮饺子一样，倒不出来。

（2）大年初三一早，李先生对王医生说："本来我们定的是 2 月 2 日把宝宝剖出来，我还请了一周陪产假，加上串休一共是 15 天了，想着好好陪陪小爱。"

（3）据公告，若法院依法受理债权人对公司重整的申请，公司股票将被实施退市风险警示。

（4）这话被喂牲口的老宋听到了。喂牲口的老宋也有一个娃跟着老汪学《论语》，老宋便把这话又学给了老汪。没想到老汪潸然泪下："啥叫有朋自远方来？这就叫有朋自远方来。"

（5）绛珠还泪的神话赋予了林黛玉迷人的诗人气质，为宝黛爱情注入了带有奇幻元素的罗曼蒂克色彩，同时又定下了悲剧基调。

（6）风起处，惊散了那傲来国君王，三市六街，都慌得关门闭户，无人敢走。悟空才按下云头，径闯入朝门里，直寻到兵器馆、武库中，打开门扇，看时，那里面无数器械：刀、枪、剑、戟、斧、钺、毛、镰、鞭、钯、挝、简、弓、弩、叉、矛，件件具备。

（7）驯马师约翰·斯特雷克，原是罗斯上校麾下的赛马骑师，后来因为体重增加退了下来。他给上校当骑师有五年、当驯马师有七年。

（8）科学家研究事物；工程师建立事物。科学家探索世界以发现普遍法则；工程师使用普遍法则以设计实际物品。

（9）总经理的主要职责是负责公司日常业务的经营管理，经董事会授权，对外签订合同和处理业务；组织经营管理班子，提出任免副总经理、总经济师、总工程师及部门经理等高级职员的人选，并报董事会批准；定期向董事会报告业务情况，向董事会提交年度报告及各种报表、计划、方案，包括经营计划、利润分配方案、弥补亏损方案等。

（10）大概地说吧，他只要有一百元钱，就能弄一辆车。猛然一想，一天要是能剩一角钱的话，一百元就是一千天，一千天！

（11）该剧确定将于 2020 年 1 月 11 日、18 日连续两周放送，目前，官方终于公布了正式海报。

（12）加上他每月再省出个块儿八角的，也许是三头五块的，一年就能剩下五六十块。

（13）1987 年 3 月 12 日那天，我在拉菲特街偶尔看到了一张巨幅广告，上面刊登了一则关于拍卖家具和古玩的消息。拍卖是在物主死后举行的，通知并没有提及物主姓名，只说拍卖会将定于十六日正午至下午五点，在昂坦街举行。

（14）《蔓侬·莱斯科》是一个非常动人的故事，我对书中每一个细节都了如指掌。

（15）三个人出了潘家酒肆，到街上分手，史进、李忠各自投客店去了。

（16）他的铺盖还在西安门大街，"人和"车厂呢，自然他想奔那里去。因为没有家小，他一向是住在车厂里，虽然并不永远拉厂子里的车。"人和"车厂的老板刘四爷是已经快七十岁的人了。

（17）为了帮助更多的人，她还组织身边的兄弟姐妹们组成了 A 计划救援组，共同面对接下来更加艰巨的挑战。

（18）左右领了钧旨，监押林冲投开封府来，恰好府尹坐衙未退。

（19）张某某，张某星的父亲，满族人，1559－1626 年在世期间曾多次前往该地采风。

（20）在周围人的眼里，艾琳娜是榜样，也是大商商会的顶梁柱，如今的这件事情对她的影响无疑是巨大的。就在 1939 年 2 月 12 日，就在今天，她对生活的一切美好憧憬都被彻底打破了。

第 ④ 章

语音标注——语音切割转写

近年来，语音识别技术在科研和应用等方面都取得了重大突破，开始从实验室走进市场，智能客服、自动语音翻译、命令控制、语音验证码等智能应用场景层出不穷。在语音识别技术的发展历程中，语音切割转写起到了不可替代的作用。所有语音识别模型的训练都需要通过语音切割和转写来提供训练数据。

4.1 认识语音切割转写

语音切割转写是语音标注中占比最大的任务类型，其实施过程中的主要任务有两个：一是语音切割；二是语音转写。语音切割是指按照特定的切割要求将长语音切割成短语音。例如，要求按照读者的自然停顿来切割、按照整句来切割、按照角色来切割等。这些要求都是由需求者提出的。标注过程中，语音切割一般通过打点剪切的方式来实现。语音转写是指将音频中所说的内容转写成文字，其标注过程通常是以手动录入的形式来进行的。

语音切割转写任务看似一种简单机械的操作，但其并非如我们所想的那样简单。例如，在具体任务过程中，语音切割并非一次就能完成的，它需要对音频进行重复播放并反复打点和微调，从而找到最合适的切割点。同时，在转写过程中，语音转写通常是要求完全忠实于语音音频内容的，音频中的语气词和中间有明显字音的口语词、儿化音等通常不可遗漏，比如"大家注意啊，嗯我今天宣布……"，其中的语气词"啊""嗯"等均需要进行转写，同样的词还有"这个""那个""下面""这里边"等口头语，这些边边角角的词往往是该类型标注任务的易错点和遗漏点。音频本身的差异性往往也会给标注过程带来困难，例如标准的普通话音频转写难度相对低一些，但如果音频语速过快、声音过远，或者背景音明显，又或者音频中有方言，则转写的难度会成倍增加。此外，语音转写中也会涉及很多细节问题，还需要数据标注人员在标注过程中用心体会。

4.2 语音切割转写实训

本节的实训特地选用了标准的播音音频作为实例，目的是便于入门和掌握。这里值得说明的是，在本节，所有举例和练习配套的音频均已存储在数据标注学习平台中，学习者可到平台中自行下载。

同时还要强调的是，本节所给出的语音转写规范只是按照行业惯例给出的大致规范，其不代表全部语音转写任务的需求。在实际任务中，其要求往往会因需求变化而变化。

4.2.1 语音转写标注规范

（一）任务目标

本次标注的任务有两个：

（1）利用标注系统对所给语音按照规定的要求进行切割。

（2）将切割后的语音转写成文字。

（二）基本标注原则

本次标注任务应遵循下列基本原则：

（1）语音切割单句时长应大于 1 秒（约 5 个字）且小于 10 秒。

（2）所有转写应完全忠实于语音音频，遵照所听即所见的原则，音频中听到的词均不可遗漏，包括语气词、儿化音等。例如，"配套音频 1"中，"他再也不想出去玩儿啦"，其中"玩儿"不能写成"玩"，而是要加上"儿"。

（3）转写句子中明显应有标点的地方需加标点。例如，"配套音频 2"中，"你身上的斑点多可爱呀"，对于清晰可辨的感叹语气，句子后要加感叹号，写成"你身上的斑点多可爱呀！"。

（4）转写文本不得有错别字、漏字等，更不得出现音频与文本不对应的情况。例如，"配套音频 3"中，"丢，丢，丢手绢"，"丢"要写全，不能漏掉。

（三）具体说明及注意事项

针对本任务的具体说明及注意事项如下：

（1）语音转写只针对有效的语音（即有实质内容且听起来清晰无杂音或无背景音的语音）。

（2）无效语音：是指有背景音和杂音的语音片段。例如，"配套音频 4"即为有背景音的情况，应该算作无效语音。对于无效语音仅需按下列类别打上标签即可：

① 噪声，指车辆等的鸣笛声、周围环境异响等。例如，"配套音频 5"中的汽笛声。

② 其他，包括重叠音、笑声等。例如，"配套音频 6"中即为两人说话重叠的情况。

（3）音频需在明显断句处切割，如果一句话时长超过 10 秒，则需要从该句话中明显停顿处切开，尽量保证表达完整（备注：切割后的音频严格控制在 10 秒之内，如果进行一次切割后仍然超过 10 秒，则需要再次寻找停顿点切割）。

（4）针对单句音频进行切割时无须考虑音频前后预留时间的问题，按照正常断句切开即可。

（5）如果有效语音的开头/结尾处出现较长时间的静音，需要手动调整语音的起止时间，保持前后1秒静音再进行切割。

（6）转写出来的文本中，标点符号仅允许使用逗号、句号、问号、感叹号和引号。

（7）转写文本句尾的标点符号，应按照中英文习惯添加，即中文文本使用中文状态的标点，英文文本则使用英文状态的标点。

（8）中英文混杂的音频内容，应以表意完整为基本准则进行切割，无须将中文和英文拆开，例如，"配套音频7"中的"当然fox我们再来观察一下它"这一句，"fox"无须从原句中拆出来单独写。

（9）对于文本中的英文单词或句子，需要保证拼写正确，对于单词大小写不做细化要求。

（10）语气词，例如，啊、呀、哈、呃、嗯和呢等，要按正常发音进行转写，不得遗漏。例如，"配套音频8"中的"然后呢，去迷惑牛魔王"，其中的"呢"不能遗漏。

（11）若无法确认所听到的文字具体是哪个字，例如，人名经常会出现此类情况，则需采用读音相同的常见字，例如小关、小杜、孟照等。

（12）阿拉伯数字，例如1234，应写成汉字的一二三四，如果将1读成yao，则应写成"幺"，依此类推。例如，电话号码"10086"，要写成"幺零零八六"。

（13）对于拼读单词的情况，书写形式统一为常见拼读形式，字母与字母之间用"-"隔开，例如，"配套音频9"中的"survive，s-u-r-v-i-v-e"。

（14）若音频不完整，常见情况为半句话，或者音频有快进、卡顿等，不需要转写，标注为"其他"即可。

（15）如出现儿化音，需要将儿化音体现出来，例如，玩儿、做事儿、小孩儿等，在基本标注原则中已有举例，这里不再详细说明。

（16）如果音频中的发音者因为口音问题而使读音发生变化，应按照正确的拼写来转写。例如，"配套音频10"中的"yán后呢，他就lá着一打花cū来"，应写成"然后呢，他就拿着一打花出来"。

（四）系统使用

语音切割转写实训任务通过数据标注实训平台完成，本规范仅对进入实训任务的步骤以及具体的页面操作过程进行讲解。

从系统登录到标注完成的操作流程及步骤如下：

1. 进入任务实施页面

（1）进入实训中心页面

登录后自动进入实训中心页面，如图4-1所示。

图4-1　实训中心页面

（2）进入任务实施页面

进入实训中心页面后，单击页面上的语音转写标注模块下的【进入学习】按钮，进入任务列表页面，如图4-2所示。

图4-2　单击【进入学习】按钮

在语音转写标注任务列表页面单击任意一个任务模块下的【进入学习】按钮，如图4-3所示，进入语音转写标注实施页面。

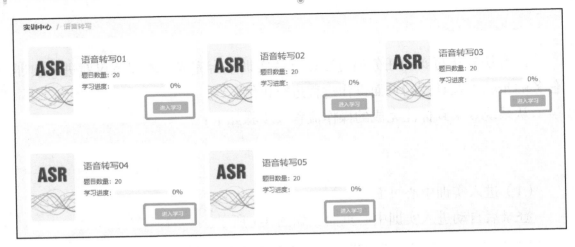

图4-3　语音转写标注任务列表页面

单击后，呈现出语音转写标注实施页面，如图4-4所示。

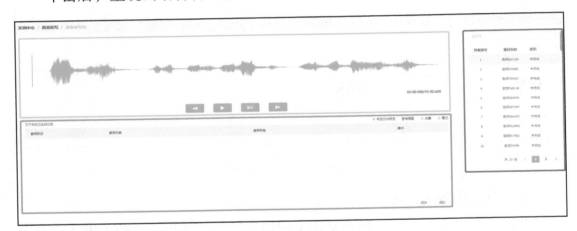

图4-4　语音转写标注实施页面

语音转写标注实施页面大体可分为3个区，即黄色框线的音频操作区，包括待转写音频的播放、快进、快退、剪切等；绿色框线的任务列表区域，呈现的是待完成的题目；红色框线的标注实施区，包括每段剪切后音频所对应文本的输入、音频属性标签选择、规范查看以及结果的保存、提交等。现对标注时的具体操作说明如下。

2. 标注页面操作详解

在本任务中，要完成标注操作，需要用到如下按钮和步骤，按顺序说明如下：

（1）标注任务领取

打开任务实施页面后，页面会默认加载第一条题目，因此不需要额外做任务领取操作。此时，右侧列表中第一条题目会自动加深底色，呈选中状态，如图 4-5 所示。

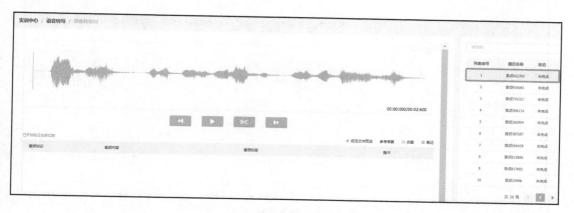

图 4-5　默认加载第一条题目

（2）音频播放、快进、快退

单击页面上的【▶】按钮可以播放当前音频，单击【◀◀】【▶▶】按钮可以使音频指针快退或快进，如图 4-6 所示。

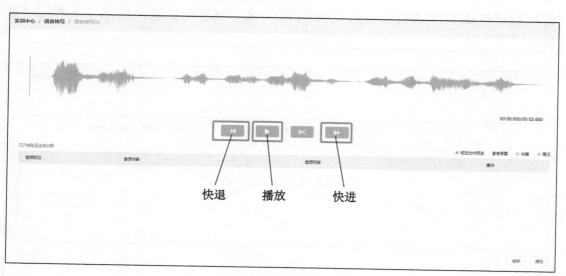

图 4-6　音频播放、快进、快退

（3）音频切割

要对音频进行切割，首先需要单击【▶】按钮对音频进行收听，在选定的切割点处单击【▶】按钮停止，然后单击【音频切割】按钮进行剪切。剪切后，下方的文本输入区将出现一条文本输入框，如图 4-7 所示。

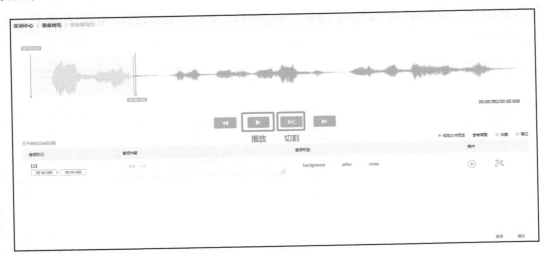

图 4-7　音频切割操作

对于切割后的语音，还可以在下方的音频区间显示框内进行微调，方法为输入目标时间。例如，将图 4-8 中第【2】段音频的开始时间改为 00：00：500，对应第【1】段音频的结束时间会自动调整为 00：00：500，同时上方音频播放区的时间线也会自动定位到 00：00：500 的位置，如图 4-8 和图 4-9 所示。

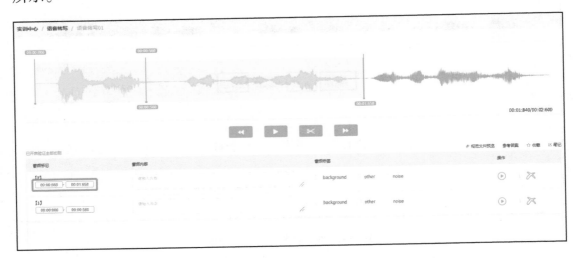

图 4-8　音频切割点微调前

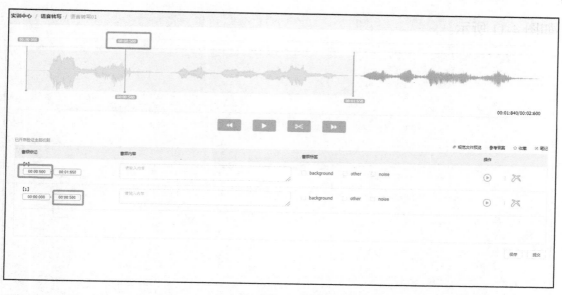

图 4-9　音频切割点微调后

（4）文本输入

在剪切音频出现文本输入框后，在文本输入框直接输入文字即可，如图 4-10所示。

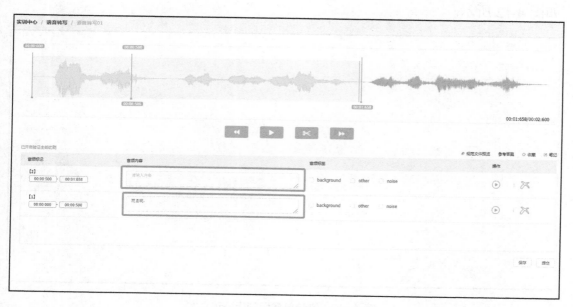

图 4-10　文本输入

（5）单条语音播放

单击每条文本框后方的【▶】按钮可以重复播放该条文本所对应的音频，

如图 4-11 所示。

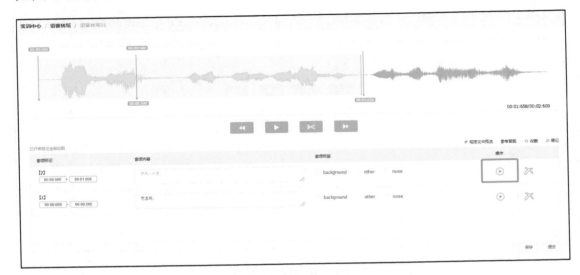

图 4-11　单条语音播放

（6）删除单条切割标记和文本

单击单条播放按钮后的【✕】按钮，即可删除该条的切割标记和文本，如图 4-12 所示。

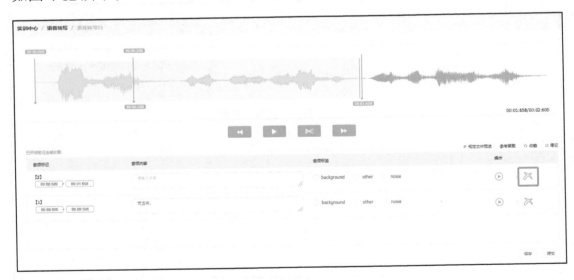

图 4-12　删除单条切割标记和文本

（7）保存

单击标签区下方的【保存】按钮可保存当前标注结果。保存的主要作用是，保存标注中状态下题目的中间结果，以免标注一半的结果意外丢失。单击【保存】按钮后，按钮会变成橙色并提示保存成功，如图4-13所示。

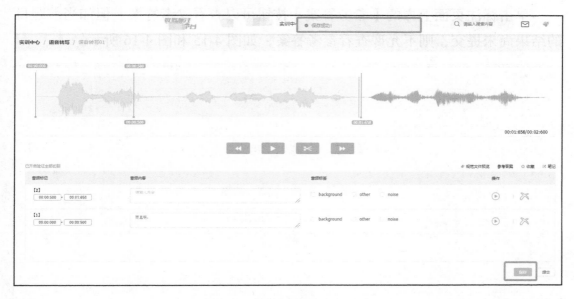

图4-13　保存后的任务页面

（8）提交

单击【提交】按钮即为提交当前任务。单击【提交】按钮后，除了提交当前标注结果，还会呈现答案对比页面。答案对比页面会给出参考答案与学习者所提交答案的对比，明确给出错误点提示，如图4-14所示。

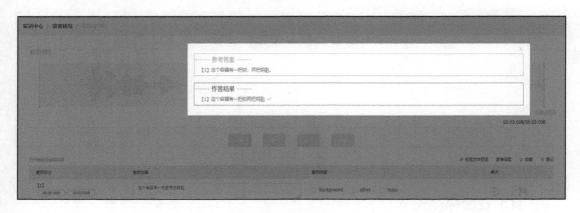

图4-14　语音转写标注答案对比页面

（9）切换至下一题

单击【提交】按钮后，可单击答案对比页的【×】按钮后手动切换至下一题。对于已提交的题目，不能进行再修改。

（10）查看答案

单击标注页面上方的【参考答案】按钮可以查看参考答案。但如当前题目的结果尚未提交，则不允许查看参考答案，如图 4-15 和图 4-16 所示。

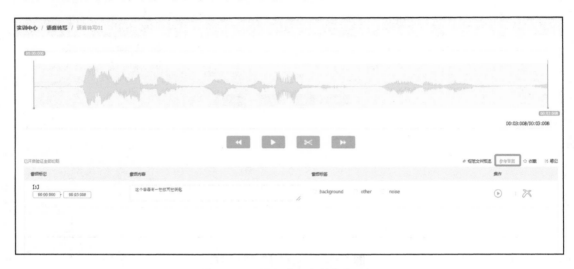

图 4-15 单击【参考答案】按钮

图 4-16 提交前不允许查看参考答案

（11）查看标注规范

单击页面上的【规范文件预览】按钮，可查看当前最新的完整标注规范，如图 4-17 和图 4-18 所示。

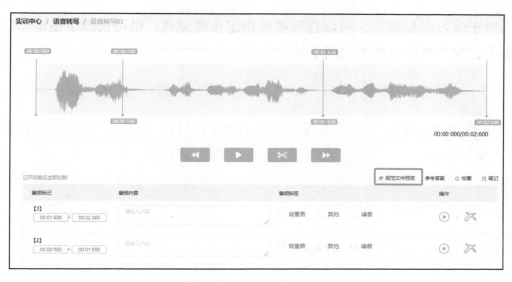

图 4-17　查看标注规范

语音转写标注规范

（1）任务目标

本次标注的任务有两个：

1）利用标注系统对所给语音按照规定的要求进行切割；

2）将切割后的语音转写成文字。

（2）基本标注原则

本次标注任务应遵循下列基本原则：

1）语音切割单句时长应大于 1 秒（约 5 个字）且小于 10 秒；

2）所有转写应完全忠实于语音音频，遵照所听即所见的原则，音频中听到的词均不可遗漏，包括语气词、儿化音等。例如，"它再也不想出去玩儿啦"，其中"玩儿"不能写成"玩"，而是要加上"儿"；

3）转写句子中明显应有标点的地方需加标点。例如，"你身上的斑点多可爱呀"，明显是个感叹语气，所以后边要加感叹号，写成"你身上的斑点多可爱呀！"；

4）转写文本不得有错别字、漏字等，更不得出现音频与文本不对应的情况。例如，"丢，丢，丢手绢"，"丢"要全，不能漏掉。

图 4-18　语音转写标注规范

　　此外，为了更好地指导学习者操作，平台还在每个标注类型模块中与【进入学习】入口并列提供了相应的【学习引导】，如需查看语音转写标注学习引导，可随时单击查看，如图 4-19 所示。

图 4-19　语音转写【学习引导】

对于学习引导操作，可以选择按照指定步骤完成，也可选择中途退出，如想退出，单击页面中的【关闭】按钮即可。

（五）标注样例

如图 4-20 所示为按照本规范要求提供的样例，对应音频为"配套音频11"，仅供参考。

图4-20　语音切割转写标注样例

另外，需要注意的是，为了便于标注者操作，平台默认将最后一句标注结果显示在最上方，因此查看上述示例时，需要按照自下而上的顺序来查看。

（六）提交结果的命名格式

提交结果具体命名格式如下：

（1）每个音频的切割和转写结果统一打包，按照所给音频的名字命名。

（2）任务结果压缩包内有两个文件夹，分别命名为"音频文件"和"文本文件"。

（3）"音频文件"文件夹内放置切割后的单句音频结果，每个音频结果按照转写文本中对应的文本序号来命名，如图4-21所示。

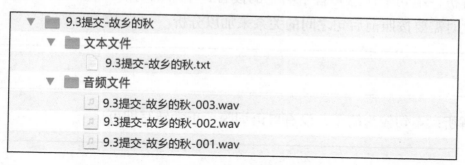

图4-21　音频结果命名方式

4.2.2　项目案例分析

本节我们便以"配套音频12"为例，来按照上述规范和标准进行标注练习和案例分析。针对本案例的分析将以标注的结果为参考逐条来进行。首先需要说明的是，本案例选择的并非标准的普通话音频，主要是为了让学习者能够明确地了解其中的语气词、口音等的转写标准。

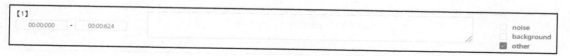

解析：本句开头部分属于不完整部分，基于上一条音频分析，应该是"基于这一点"中的"这一点"，这里无须标注，判断为无效音频，打上"other"标签即可。

解析：本句除了需要注意里边比较口语化的语气词以外，还需要特别注意"那么"后的"是"字，虽然读音很轻，但是依然能够听清，所以需要转写出来，不可漏掉。另外，说话人虽然将"海上"读成平舌的"海 sàng"，但在转写时仍然需要按照翘舌的读音去转写，写成"海上"。

【3】 00:08:578 — 00:15:691	啊，所以这是上海的这个简称。那么，上海到底简单的历史背景怎么来的呢？	☐ noise ☐ background ☐ other

解析：本句中注意句首"啊"的读音，不可漏写。"所以"一词连读比较快，此时需要按照前后句之间的关系来加以分析。

【4】 00:15:691 — 00:20:607	因为古代，在这个地方，有小河。	☐ noise ☐ background ☐ other

解析：本句较为简单，没有口语词等，正常转写即可。

【5】 00:20:607 — 00:29:952	这小河呢，上海的小河呢都叫什么浦什么浦，连黄浦江这个加时候嘞加上去呢也叫黄浦什么浦。	☐ noise ☐ background ☐ other

解析：本句需要注意"什么浦"重复说了两遍，不可故意省略只写一遍。另外，在"这个加时候嘞加上去呢"一处语速较快，较难听懂，需要按照语境来推断。

【6】 00:29:952 — 00:36:026	那么它有两条河呢分别叫做上海浦和下海浦。	☐ noise ☐ background ☐ other

解析：注意"两条河"后的"呢"语气词和句首的"那么"，不要漏写，注意句尾使用句号标点。

【7】 00:36:026 — 00:43:572	所以在公元四四几的时候，也就是五代末年，宋朝初年。	☐ noise ☐ background ☐ other

解析：注意本句中"公元四四几"处的数字写法，此处不可将"四四几"写成"44几"，这样可能在模型训练时被模型识别成"四十四几"，从而导致训练结果错误。

【8】 00:43:572 — 00:50:640	这个时候呢，在上海浦的边上形成一个聚落，一个村庄。	☐ noise ☐ background ☐ other

解析：本句需要注意"聚落"处，需要依据后文的"村庄"来做出推断。另外在剪切时注意，尽量保证语义完整，不要将"一个村庄"对应的音频单独剪切出来，除非加入这几个字，该段音频时长会超出 10 秒，这里显然无须单

110

独剪切。更重要的是，在语义完整的情况下更有助于语境理解，对质量保证更有益处。

【9】
00:50:640 - 00:58:130　那么这个名称叫什么名称呢？因为它就在上海浦的旁边，所以就得名上海。

☐ noise
☐ background
☐ other

解析：注意本句中的"得名"二字，原始音频中吐字不够清晰，需要结合语境来推断。

【10】
00:58:130 - 01:00:000

☐ noise
☐ background
☑ other

解析：本句与第一句情况相同，均属于音频不完整，直接按照无效音频来处理，打上"other"标签即可。

4.3 实训习题

 **随堂练习1**：按照本节所给规范对下列音频文件进行切割转写。

（1）语音转写练习音频1。
（2）语音转写练习音频2。
（3）语音转写练习音频3。
（4）语音转写练习音频4。
（5）语音转写练习音频5。

随堂练习2：按照本节所给规范来判断下列转写出来的结果有哪些不符合规则之处，将正确的结果写出来。

（1）这条花裙子多漂亮呀？

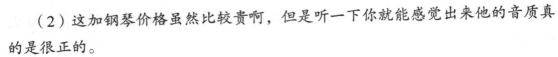

（2）这加钢琴价格虽然比较贵啊，但是听一下你就能感觉出来他的音质真的是很正的。

（3）首先为您为您带来的是国内新闻。

（4）现债不少智能客服电话程序繁琐，答非所问。

（5）从初中看，实现客服智能化，为了是给消费者提供更好的服务。

（6）您好，是 10086 吗？

（7）工号 14025 为您服务！

（8）延后呢，他就发粗了一条操藏的短信。

（9）D,O,G，dog 这个词，小朋友们，你们认识吗？

（10）你好，我是这家店里一名灰常出色的师傅。

 随堂练习 3： 请选择正确答案填在括号内。

（1）"我我我就想说你们怎么能这么办事呢？"说话人当前的情绪是（   ）。

    A．生气   B．高兴   C．无奈   D．悲伤

（2）"你说我是不是不适合做这份工作啊？"说话人当前的情绪是（   ）。

    A．悲伤   B．沮丧   C．生气   D．高兴

（3）"你爱叫啥叫啥吧，反正你也听不懂。"说话人当前的情绪是（   ）。

    A．生气   B．高兴   C．无奈   D．悲伤

（4）"先生你好，我是客服小张，工号幺三五六七。"说话者所表达的意图是（   ）。

    A．询问对方信息   B．自我介绍

    C．预约拜访   D．推荐产品

（5）"你好，就是我想问一下，你家大病险都有啥样的？"说话者所表达的意图是（   ）。

    A．预约产品   B．自我介绍   C．产品咨询   D．推荐产品

（6）"138401254"，针对这串数字的读音，按照本文所给规范，下列哪项

转写结果一定是错误的？（　　　）

  A. 幺三八四零幺二五四

  B. 一三八四零一二五四

  C. 一亿三千八百四十万一千二百五十四

  D. 138401254

（7）下列转写后的结果，哪项不符合本文所给的规范要求？（　　　　）

  A. 面介绍一下本节要讲的内容

  B. 您好，您的话费当前余额一百九十九元

  C. 就就是昨天吧，有人给我打电话说是得换卡

  D. 我这都可以呀！呃只是可能得需要点儿时间

（8）下列是音频切割转写后得出的结果，其中切割点比较恰当的一项是
（　　　）。

  A. 欢迎您收听由果果老师每天为您

  B. 你好，我我我给我家人买点儿药儿

  C. 不是我先了解一下子，你这药，我先

  D. 粒儿胶囊能顶五瓶儿葡萄酒呢

（9）"yán 后 lei，小猫咪就 fū 噜 fū 噜地 suì záo 了。"对于本句读
音，下列哪项转写结果是正确的？（　　　）

  A. 延后嘞，小猫咪就夫噜夫噜地碎凿了

  B. 延后啦，小猫咪就夫噜噜地碎凿了

  C. 然后嘞，小猫咪就呼噜呼噜地睡着了

  D. 然后啦，小猫咪就呼噜呼噜地睡着了

（10）"孩子们 wánér 的很开心。"这句话中，读音"wánér"应转写
成（　　　）。

  A. 玩   B. 弯儿   C. 玩儿   D. 玩 r

第 5 章

图像标注——2D 拉框

在图像标注中，最易学的当属 2D 拉框，而 2D 拉框的标准及工具的基本操作也是一名数据标注人员必须掌握的技能。在深入学习 2D 拉框标注之前，学习者需要先了解什么是 2D 拉框。

5.1 认识 2D 拉框

2D 拉框是图像标注中最简单的任务类型，通常需要拉一个贴合的矩形框，以框选出待检测物体（目标对象）。在 2D 拉框任务中，目标对象有很多，例如，人、动物、车辆、物件等一切事物都可能需要画框。一般来说，框选出待检测物体之后还需要对框添加一个或多个标签作为类别标记。以人为例，可能需要标注出人的性别、年龄、肤色；如是框选动物，则可能需要标注出动物的名称、颜色等。如图 5-1 所示为对地面车辆的拉框标注。

图 5-1　车辆 2D 拉框标注

　　需要了解的是，在 2D 拉框中，目标对象分为有效对象和无效对象。所谓有效对象是指各部位展示都清晰可辨、无严重遮挡且外观大小合适的对象。反之，展示不清晰、遮挡严重或外形大小达不到标准值的对象即为无效对象。一般来说，在拉框时，无效对象需要用忽略框（也称为无效框）来标记。例如图中的红色框，由于其遮挡过于严重或目标尺寸过小，则可能会被标成忽略框。当然，是否需要作为忽略对象还需要按照需求者的规定作出判断，不同的需求者可能会给出不同的规定。

　　在 2D 拉框标注时，拉框也是有标准的。例如，为使模型训练效果更好，往往会要求框线与对象边缘尽量贴合，避免框内空白区域过多，这也就解释了为什么在 2D 拉框时，常常需要对框的角度进行调整或旋转。这一现象在人体拉框标注中最为常见，人体拉框不同角度框的效果对比如图 5-2 所示。

图 5-2　人体拉框不同角度框的效果对比

在图 5-2 中，右图的拉框角度明显好于左图，用肉眼即可看清，右图中的框与对象更为贴合，有效地减少了空白区域。另外，如果图片中的人物未显示完整，数据标注人员还需要根据要求进行脑补，这种情况在 2D 拉框中很常见。

上述要求仅仅是列举了一个简单的例子，在实际的拉框标注中，类似的要求还有很多。同时，拉框标注任务的难易程度也会与图片本身的质量有关。例如，图片中待标注对象的密集程度、对象的遮挡、图片的角度等对于标注效率及效果都会有直接的影响。接下来，我们从实践的角度来对 2D 拉框任务进行了解。

5.2　拉框标注之 2D 人体拉框标注

本节实训选用的是 2D 人体拉框标注：一是为了便于入门和理解；二是这一任务类型较为常见。学习者须知，本节给出的标注规范仅代表常见的需求和处理标准，不能代表全部项目。在实际标注过程中，需要按照需求者的要求和标准进行标注。

5.2.1　2D 人体拉框标注规范

（一）任务目标

本任务的主要目标是：用规则的方框标识出图片中的所有人物。

本任务的标注框分为两种，即有效框和无效框。对于图中所有的有效人物拉有效框（本规范中为绿色框）；所有无效人物拉无效框（本规范中为红色框）。

（二）术语定义

本任务涉及术语定义如下：

1. 有效人物

图像中人物外形尺寸合适，主体显示清晰，无遮挡或无严重遮挡，如图 5-3 所示。

图 5-3　有效人物

2. 无效人物

图像中人物外形尺寸过小、主体显示不清晰或遮挡过于严重，如图 5-4 所示。

图 5-4　无效人物

3. 人物主体清晰

图像中人物能清晰体现出人体特征，标注者从直觉上可判断其为人物。一般来说，能清晰分辨出四肢和人物正反面者即可被认定为主体显示清晰，如图 5-5 所示。

图 5-5　人物主体清晰

4. 遮挡严重

若人体遮挡占比超过 80% 即可认定为遮挡严重，如图 5-6 所示。

图 5-6　遮挡严重

（三）基本标注原则

本任务标注应遵循如下原则：

（1）标注过程中应仔细辨别，不可出现漏标情况。如图 5-7 所示，右侧图片黄色框线内即为该图中存在的明显漏标情况，仔细观察会发现图片中靠近门店位置还有很多无效人物也被漏标，这里不一一标注。

图 5-7　漏标情况

（2）距离过近的无效人物同框标注，有效人物单独用框标注。如图 5-8 所示，无效人物较为密集时，统一用一个红框来标注。

图 5-8　密集无效人物标注

（3）无效人物用无效框标注，有效人物用有效框标注，不可出现框线属性错误。如图 5-9 所示，右图中误将绿色框线画成红色框线，又将红色框线画成绿色框线。

图 5-9　无效、有效标注框属性错误对比

（4）对于部分遮挡图像，如在图片内，需适当想象不可见部位进行补全。但超出图片边缘则无须脑补，将可见部分人体画出即可，如图5-10所示。

图5-10　无须脑补情况示例

（5）本任务要标注所有真实人物，对于动漫等虚拟人物无须标注，如图5-11所示。

图5-11　只标注真实人物

（6）所有框线要位置适中，以刚好贴合轮廓为宜，不可过大或过小，如图5-12所示。

图5-12　标注框过大或过小的错误示范

（四）具体说明

针对本标注任务的具体说明如下：

1. 有效框标注

（1）对有效人物拉有效框，本规范例子中均为绿色框。拉框应尽量紧贴人物轮廓，不可过大或过小。图 5-12 中的人物框应处理为如图 5-13 所示样式。

图 5-13   有效标注框示例

（2）有效框的重叠：有效框可以与有效框重叠，也可以跟无效框重叠，如图 5-14 所示。

图 5-14   有效框的重叠

（3）轻度遮挡的人物，如在图片内，需要脑补遮挡部位，如已超出图片边缘则无须做整体补全，如图 5-10 所示。

2. 无效框标注

（1）对于遮挡严重、尺寸过小、过于模糊的人物标无效框，框线仅针对显示部位标注即可，无须进行脑补，如图 5-15 所示。

图 5-15　无效框标注

（2）无效框的重叠：无效框可以和有效框重叠，但无效框之间不能重叠，因此本任务要求距离较近的无效人物用一个框整体标注，如图 5-16 所示。

图 5-16　无效框不可重叠

（3）无效框的标注也要紧贴轮廓，对于显示部位必须框全且不能拉框过大，如图 5-17 所示，两幅图中所表示的即为无效框过大及过小的情况。

图 5-17　无效框标注错误示范

3. 特殊情况

（1）若图片中没有人物，则整张图片跳过，如图 5-18 所示。

图 5-18　图中无人物

（2）对于车窗、后视镜等透露出来的人物，需要按照无效人物来处理，拉忽略框。但若是人物出现在车门口，且车门开启或正在上、下车，则需按照有效人物来标注，否则按照无效人物来标注。如图 5-19 所示，左侧图片车门开启，应标为有效人物；右侧图片为车窗透出人影，按照无效人物来标注。

图 5-19　车门口出现的人物与车窗透出人物

（3）对于广告牌、公交车车身、墙壁、图画、假人雕塑等呈现出的真人画面，按照无效人物来处理，拉无效框，如图 5-20 所示。

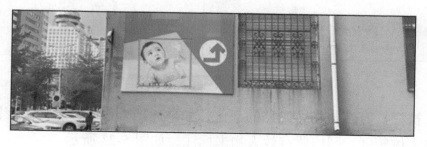

图 5-20　广告牌人物标注

（4）密集人群、遮挡不严重者，按照有效人物来处理，其余标注为无效人物，如图 5-21 所示。

图 5-21　密集人群标注示例

（五）注意事项

（1）对于无效人物的判断不能单纯地依赖于 80% 的指标，需要根据实际情况来确定。例如，被自带物品遮挡的部位，因为自带物品都较小，因此不构成严重遮挡，此时需要按照有效人物来处理，同时将遮挡部分补全，如图 5-22 所示。

图 5-22　部分被自带物品遮挡

（2）被栏杆等其他物体遮挡的部位，如果遮挡未过胸，且透过空隙等大体能判断出人体轮廓，则按照有效人物来标注，如图 5-23 所示。

图 5-23 栏杆遮挡物未过胸与过胸的情况

（3）对于车窗、缝隙等透出的人物肢体，无须进行标注。

（六）系统使用

本实训任务通过数据标注实训平台完成，关于系统登录的具体事项已在本书第 2 章中详细说明，因此本规范仅对进入实训任务的步骤以及具体的页面操作过程进行讲解。需要特别说明的是，此处所给出的所有标注内容均为按照项目经验总结的模拟数据。

从系统登录到标注完成的操作流程及步骤如下：

1. 进入任务实施页面

（1）进入实训中心页面

登录后自动进入实训中心页面，如图 5-24 所示。

图 5-24 实训中心页面

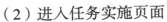

（2）进入任务实施页面

进入实训中心页面后，单击页面上的 2D 拉框标注模块下的【进入学习】
按钮，进入任务列表页面，如图 5-25 所示。

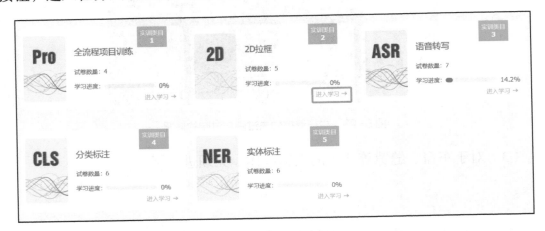

图 5-25　单击【进入学习】按钮

在 2D 拉框标注任务列表页面单击任意一个任务模块下的【进入学习】按
钮，如图 5-26 所示，进入 2D 拉框标注实施页面。

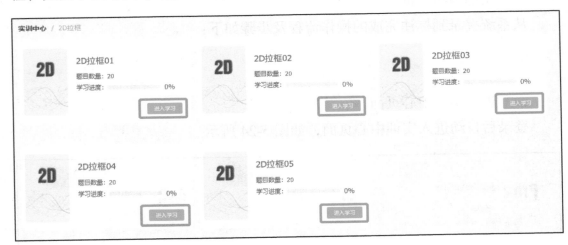

图 5-26　2D 拉框标注任务列表页面

单击后，进入 2D 拉框标注实施页面，如图 5-27 所示。

图 5-27　2D 拉框标注实施页

2D 拉框标注实施页面大体可分为 3 个区，即黄色框线的画框工具区，包括画框要使用的框线选择、"十"字线、跳过、显示隐藏标签、一键清除、辅助"十"字线等；红色框线的编辑区，主要是画布区，所有画框以及修改操作均在此区域内进行；绿色框线的任务列表区，用于显示待完成的所有题目。现对标注时的具体操作说明如下。

2. 标注页面操作详解

在本任务中，要完成标注操作，需要用到如下按钮和步骤，按顺序说明如下：

（1）标注任务领取

打开任务实施页面后，页面会默认加载第一条题目，因此不需要额外做任务领取操作，此时，右侧列表中第一条题目编号会自动加深底色，呈选中状态，如图 5-28 所示。

图 5-28　默认加载第一条题目

（2）拉框操作

单击标注实施页面左侧的【矩形】拉框工具，在图片上要画框的位置按住鼠标左键拖拽即可针对目标对象实现画框操作，如图 5-29 和图 5-30 所示。

图 5-29　选中框线

图 5-30　拉框操作后

在进行拉框操作前，可打开页面右上角的【十字线】按钮，从而辅助确定边缘和拉框起点，保证框线与人体边缘的贴合性，如图 5-31 所示。

图 5-31　"十字线"辅助操作

　　如感觉图片过小，也可采取【鼠标滚轮向上】的方式将图片放大，如放大显示不全，可打开工具栏的【拖拽开关】，通过拖拽来查看图片，如图 5-32 所示。

图 5-32　通过【拖拽开关】拖拽图片

（3）隐藏/显示标注结果

　　由于部分图片中可能存在多个待拉框标注目标，所以在标注过程中，已标注的框线可能会影响对未标注对象范围的确定，这时需要单击【隐藏/显示标注结果】按钮，隐藏已有的框线，如图 5-33 和图 5-34 所示。

图 5-33　未隐藏标注结果

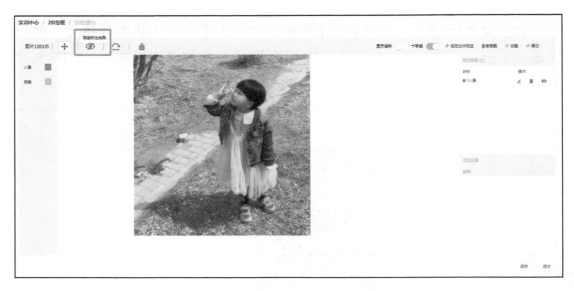

图 5-34　通过隐藏按钮隐藏标注结果

（4）跳过当前任务

在标注过程中，有些任务可能会因某种原因而不需标注，此时应单击【跳过】按钮，可直接进入下一条任务，如图 5-35 所示。

图 5-35　跳过当前任务

（5）删除单个标注结果

如果出现错标或因其他原因需要删除单个标注结果，可以在标注实施区右侧单击【🗑】按钮，如图 5-36 所示。

图 5-36　删除单个标注结果

（6）删除全部标注结果

如需删除全部标注结果，可以使用【🧹】按钮，如图 5-37 所示。

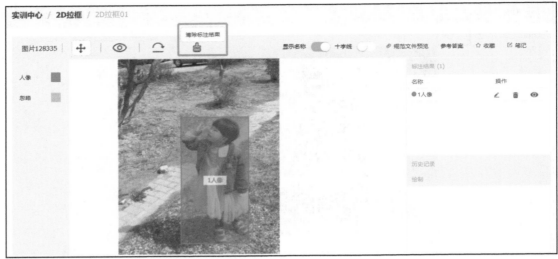

图 5-37   清除全部标注结果

（7）保存

单击标签区下方的【保存】按钮可保存当前标注结果。保存的主要作用是，保存标注中状态下题目的中间结果，以免标注一半的结果意外丢失。单击【保存】按钮后，按钮会变成橙色并提示保存成功，如图 5-38 所示。

图 5-38   保存后的任务页面

（8）提交

单击【提交】按钮即为提交当前任务。单击【提交】按钮后，除了提交当前标注结果，还会呈现答案对比页面。答案对比页面会给出参考答案与学习者所提交答案的对比，明确给出错误提示，如图 5-39 所示。

图 5-39　2D 拉框答案对比页面

（9）切换至下一题

单击【提交】按钮后，可单击答案对比页的【✕】按钮后手动切换至下一题。对于已提交的题目，不能再进行修改。

（10）查看答案

单击标注页面上方的【参考答案】按钮可以查看参考答案。但如当前题目的结果尚未提交，则不允许查看参考答案，如图 5-40 和图 5-41 所示。

图 5-40　单击【参考答案】按钮

数据标注实训（初级）

图 5-41　提交前不允许查看参考答案

（11）查看标注规范

单击页面上的【规范文件预览】按钮，可查看当前最新的完整标注规范，如图 5-42 和图 5-43 所示。

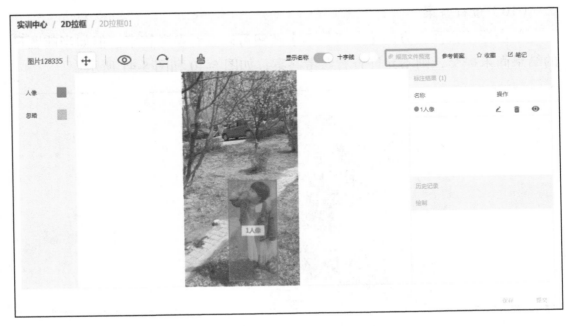

图 5-42　查看标注规范

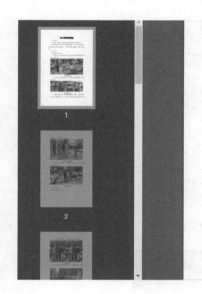

2D 人体拉框标注规范

（1）任务目标

本任务的主要目标是：用规则的方框标识出图片中的所有人物。

本任务的标注框分为两种，即有效框和无效框。对于图中所有的有效人物拉有效框（本规范中为绿色框），所有无效人物拉忽略框（本规范中为红色框）。

（2）术语定义

本任务涉及术语定义如下：

1）有效人物：图像中人物外形尺寸合适、主体显示清晰、无遮挡、无严重遮挡，如图 1 所示。

图 5-43　2D 人体拉框标注规范

此外，为了更好地指导学习者操作，平台还在每个标注类型模块中与【进入学习】入口并列提供了相应的【学习引导】，如需查看 2D 拉框学习引导，可随时单击查看，如图 5-44 所示。

图 5-44　2D 拉框【学习引导】

对于学习引导操作，可以选择按照指定步骤完成，也可选择中途退出，如想退出，单击页面中的【关闭】按钮即可。

（七）标注样例

图 5-45 至图 5-48 所示为数据标注人员对人体进行 2D 拉框后的结果，供参考。

图 5-45　2D 拉框标注样例 1——有效人物

图 5-46　2D 拉框标注样例 2——无效人物

图 5-47　2D 拉框标注样例 3——人物主体清晰

图 5-48　2D 拉框标注样例 4——图中无人物

5.2.2　项目案例分析

对 2D 拉框标注的规范和标注原则以及注意事项清楚的基础上，我们通过实例来进行详细讲解。如图 5-49 所示为登山场景，我们的任务目标即为利用方框标注出图 5-49 中的人物。

图 5-49　2D 拉框标注项目案例

解析： 在图 5-49 中，身着全身黑色衣服的女生和身着白色半袖（未戴帽子）的男生是整张图中最为清晰的，完美地体现了人体特征，且无遮挡，故而用有效框（绿色框）来标注；同时，两者前面还存在 2 个人物，这 2 个人物的主体遮挡过于严重，不足以达到有效拉框的标准，因此需要用无效框来标注，这样就可以得出如图 5-50 所示标注结果。

图 5-50　拉框标注项目案例标注结果

5.3 实训习题

✏️ 随堂练习 1：请按照本节所给规范对图 5-51 至图 5-60 中图片进行人体拉框标注。

图 5-51　拉框标注题 1

图 5-52　拉框标注题 2

图 5-53　拉框标注题 3

图 5-54 拉框标注题 4

图 5-55 拉框标注题 5

图 5-56 拉框标注题 6

图 5-57　拉框标注题 7

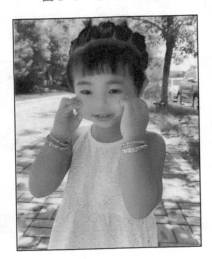

图 5-58　拉框标注题 8

图 5-59　拉框标注题 9

图 5-60　拉框标注题 10

随堂练习 2：判断下列说法是否正确。

（1）2D 拉框标注并无统一的硬性规则，只要将目标对象画到框内即可。

（2）拉框标注任务中，有时候需要脑补，有时候不需要，这主要取决于需求方的需求。

（3）拉框标注可用矩形框也可用不规则形状的框。

（4）在计算机视觉技术中，拉框标注主要用于目标检测。

（5）拉框标注过程中，框线的边缘要与目标对象边缘尽量贴合。

（6）对密集人群进行标注时，将多人标为同一个框即可。

（7）在拉框标注时，不可出现漏标和类别混淆的情况。

（8）在拉框标注中，经常会遇到无须标注的图片。

（9）在人体拉框任务中，只要是人物便按照有效人物来标注，无论是否清晰或是不是真实人物。

（10）在人体拉框标注中，车门或车窗透出的人物，有时需标注，有时无须标注。

随堂练习 3：选择正确答案填入括号内（可能是一个选项，也可能是多个选项）。

（1）对下列图片，拉框标注错误的是（　　　　）。

A.

B.

C.

D.

（2）按照本节所给规范要求，下列哪张图片是无须标注的？（　　　）

A.

B.

C.

D.

（3）按照本节所给规范要求，下列哪张图片标注是正确的？（　　　）

A.

B.

C.

D.

（4）按照本节所给规范要求，下列哪张图片中的人物是需要标注为有效人物的？（　　　）

A.

B.

C.

D.

（5）关于本张图片，按照本节所给规范，下列说法正确的是（　　　）。

A. 本张图片中，既有有效人物也有无效人物

B. 本张图片中，广告牌中的婴儿应标成有效人物

C. 针对图中骑车的女士，应画有效框，框线应画至车轮底部

D. 图片左侧的 3 个人均为有效人物，应同框标注

第 6 章

全流程项目实训

我们已经系统地学习且训练了常见的文本、语音及图像标注任务，对于这几个任务类型的标注实施有了初步的掌握。然而，学会了上述几个任务的标注也仅仅是具备了基本标注能力。在实际项目实施过程中，我们往往还会对整个项目流程中的其他环节有所涉及，例如数据处理、数据管理、项目管理等一系列操作。为了让学习者对数据标注项目全流程有更深的体会，本节我们将在了解单个任务操作的基础上进行简单的全流程项目训练。

在开始全流程项目实训之前，需要简单地了解标注项目的基本操作流程。

6.1 标注项目的基本操作流程

从项目的角度来说，完成一个标注项目大致可分成 3 个阶段，即项目前、项目中、项目后。项目前主要涉及需求整理及商务沟通等事项；项目中主要是项目实施过程，例如数据准备、数据处理、项目配置等；项目后则是验收和质量保证。本节的全流程项目实训主要针对项目中阶段，主要包括 6 个环节，即原始数据获取、数据处理或培训、项目创建或立项、项目配置、标注实施、结果导出及后处理，如图 6-1 所示。

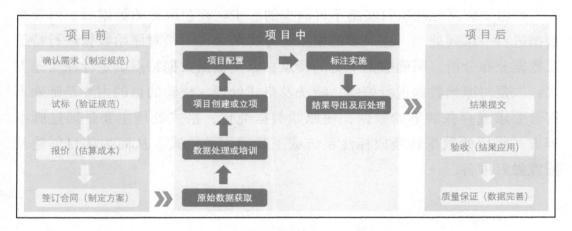

图 6-1　数据标注项目的基本操作流程

标注项目一般有两种组织形式：一种是个人自主实施标注项目；另一种是标注团队实施标注项目。如图 6-1 所示的标注项目的基本操作流程兼顾了这两种实施情况。图中两侧的灰色部分分别代表项目前和项目后阶段，中间部分代表项目中阶段。从图 6-1 可以看出，无论是个人实施的标注项目还是团队实施的标注项目，其环节在项目中阶段基本不会发生巨大的变化，而区别主要是在项目前和项目后阶段。如图 6-1 所示的每个环节中，如果有括号，则表示该环节属于个人实施项目的流程；如不带括号，则表示个人实施与团队实施均可采用此流程。

此外，由于是初学阶段，本节将训练重点放在整个项目的核心部分，即项目中阶段。只要掌握了该阶段的工作流程及操作，便能够很好地组织和实施标注项目。

（一）原始数据获取

无论是个人标注项目还是团队标注项目，都会涉及原始数据获取的过程。如果是个人实施标注，原始数据获取主要是通过采集方法得到；而团队标注项目则很少会涉及数据采集，因为其主要是从需求方接收现成的数据。对于原始数据而言，数据的格式并不受限制，所有原始数据都可以在数据处理环节被处理成需要的格式。

（二）数据处理或培训

数据处理是标注项目实施不可缺少的一步。在获取原始数据后，需要对数据进行一系列处理。这一步的主要任务有两个：一是对原始数据进行特征及数据分布分析，明确数据本身的特点，以便根据数据特点确定标注实施方式；二是对原始数据进行校验、清洗及格式处理。校验的目的主要是筛除不符合要求或存在缺陷的数据，使原始数据纯化；格式处理主要是通过脚本等方式将原始数据转换成标注系统或工具适用的格式，从而为项目创建及配置做好准备。

（三）项目创建或立项

项目创建是在标注系统内完成的，主要是指在标注系统内建立一条记录，将项目相关的信息录入系统，为数据标注人员提供一个项目实施的入口。

（四）项目配置

在项目创建之后，需要针对项目进行项目配置，要将完成标注项目所需的所有条件配置完整。一般来说，配置的内容包括导入待标注数据（若系统支持，还可导入标注说明或规范，以便于数据标注人员实时查看），配置数据标注人员，配置标签、工具或其他辅助工具等。

（五）标注实施

标注实施是标注项目的核心流程，项目相关的所有标注、质量及进度把控都在这一过程中进行。标注实施环节并非我们想象的那样简单，它并不仅仅包括标注和质检，标注和质检只是呈现出来的基本步骤，是主线。在这条主线上，会涉及很多分支流程，如图 6-2 所示。

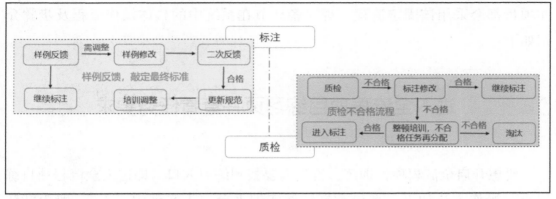

图 6-2　标注及质检子流程

从图 6-2 可以看出，无论是标注还是质检都会涉及反复的质检、审核、反馈、修改、培训、淘汰的过程。同样，由于标注流程的复杂性，在标注中还会涉及多种质量保证方法的灵活运用。

（六）结果导出及后处理

在标注任务完成后，需要将标注结果从工具或系统中导出。导出后的结果并不能直接提交给需求方，而是要通过脚本等转换成需求方需要的格式。在实际任务中，常见的结果格式有 JSON、XML、表格、文本文档等。同时，若有必要，还需要在系统外对标注结果进行筛查，从而发现结果中存在遗留错误或误操作导致的无效数据，并及时予以修改。

6.2 全流程标注项目实操步骤详解

实操过程依托于数据标注实训平台，平台设计了从数据获取开始到结果导出及后处理的全部流程。在标准流程的基础上，额外增加了进入全流程项目练习页面和查看任务要求部分，目的是让学习者能够找到练习入口并了解每个全流程训练任务的要求。

此外，还需要说明的是，系统中对于各环节的设计仅仅是为了让学习者了解基本项目流程，实际的项目实施流程会与该流程相似，但不代表所有标

数据标注实训（初级）

注项目都会采用该固定流程。现对各环节在系统中的具体操作流程及步骤介绍如下。

◆ 6.2.1 进入全流程项目练习页并查看任务要求

要想开启全流程项目训练，首先需要找到练习入口，即进入全流程项目练习页。操作方法如下：登录数据标注实训平台→【实训中心】（一般为默认页）→【全流程项目训练】，如图6-3至图6-5所示。

图6-3 系统登录页面

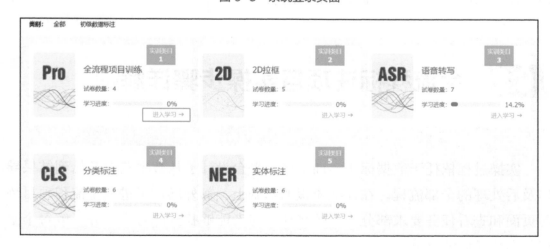

图6-4 实训中心页面

图 6-5　全流程项目训练页面

找到入口后，在进行项目训练之前，需要了解具体的项目需求。在每个全流程任务模块的页面上，给出了对每个任务要求的描述。将鼠标光标移动到每个模块右上角的❶图标上，即可浮现出具体的任务要求。任务要求的描述会说明该条任务要求针对哪个标注类型进行全流程训练，任务要配置的标签有哪些，要在多长时间内完成等一系列要求，如图 6-6 所示。

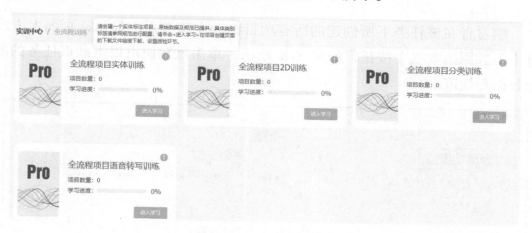

图 6-6　查看全流程任务要求

学习者在查看任务需求后，即可按照相应的要求去创建并实施具体的标注项目。

● 6.2.2　原始数据获取

在了解项目需求的基础上，学习者需要按照项目需求来准备标注所需的数据。正常情况下，原始数据是需要需求方或标注者自行准备的。但为了使任务简单化，系统内特意将教师模拟为需求方，为需求方发布数据提供一个渠道。如果教师已提供原始数据，学习者可到相应的任务中去领取。操作方法如下：

在相应的全流程训练任务模块上单击【进入学习】按钮，进入创建项目页面，如图 6-7 所示。

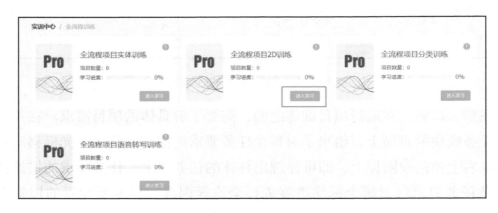

图 6-7　单击【进入学习】按钮

学习者在该任务下所创建的所有项目都会在该页面上显示，页面上方设有【下载原始数据】按钮，如图 6-8 所示，单击该按钮可以下载该任务的原始数据和规范。

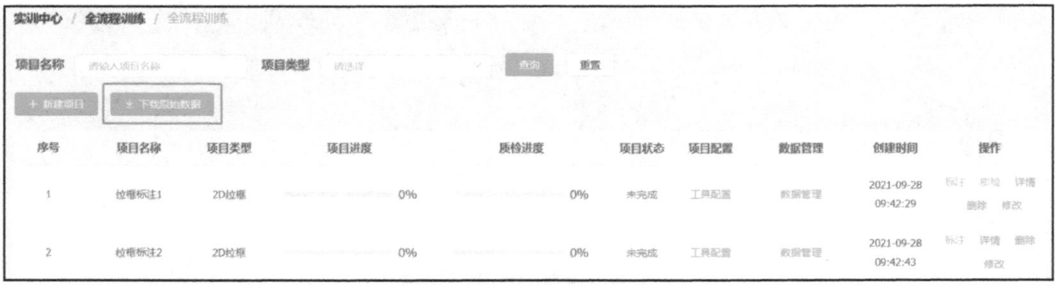

图 6-8　【下载原始数据】按钮

◈ 6.2.3　数据处理

在创建项目后，将待标注数据导入系统前，需要对原始数据进行处理，一方面检查数据本身是否存在不符合标注需求的点，从而进行清洗或修改；另一方面，也要将原始数据处理为导入标注系统所需的样式。平台中，针对数据的导入格式给出了样例文档，学习者可自行下载。操作步骤如下：

在每个项目的【数据管理】下拉列表中，单击【标注数据上传】按钮，会弹出数据导入页面，页面上有【下载导入模板】按钮，单击下载即可，如图 6-9 所示。

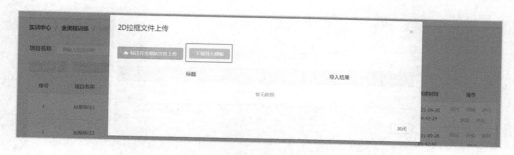

图 6-9 【下载导入模板】按钮

在下载相应的数据导入模板之后，即可根据模板要求对数据进行处理，之后将数据导入相应的项目中。当然，如果原始数据已做过格式处理，学习者也可将数据直接导入。

6.2.4 项目创建

在了解了项目需求并获取原始数据后，首先需要在系统内创建项目。具体操作步骤如下：

【全流程训练】→选择某一具体任务，单击【进入学习】→【新建项目】按钮，如图 6-10 所示。

图 6-10 【新建项目】按钮

单击【新建项目】按钮后，即可进入项目创建页面，在页面内填入项目相关的信息，单击【创建】按钮，如图 6-11 所示。

图 6-11 填入项目信息

新建完成后，在项目列表会显示出当前已创建的项目，如图 6-12 所示。

序号	项目名称	项目类型	项目进度	质检进度	项目状态	项目配置	数据管理	创建时间	操作
1	拉框标注1	2D拉框	0%	0%	未完成	工具配置	数据管理	2021-09-28 09:42:29	标注 质检 详情 删除 修改
2	拉框标注2	2D拉框	0%	0%	未完成	工具配置	数据管理	2021-09-28 09:42:43	标注 详情 删除 修改
3	拉框标注3	2D拉框	0%	0%	未完成	工具配置	数据管理	2021-09-28 09:42:58	标注 质检 详情 删除 修改
4	拉框标注4	2D拉框	0%	0%	未完成	工具配置	数据管理	2021-09-28 09:43:18	标注 质检 详情 删除 修改
5	拉框标注5	2D拉框	0%	0%	未完成	工具配置	数据管理	2021-09-28 09:53:08	标注 质检 详情 删除 修改

图 6-12 已创建的项目

在确认所创建的项目正确无误的情况下，可以开始对项目进行配置。

6.2.5 项目配置

项目配置主要是配置项目实施所必需的条件，主要包括数据导入、标签及工具配置和人员配置。针对每个配置项目的具体操作介绍如下：

（一）数据导入

标注前，需要将数据导入标注系统，方法为：

单击所创建项目后的【数据管理】选项，选择下拉列表中的【标注数据上传】选项，进入数据导入页面，如图6-13所示。

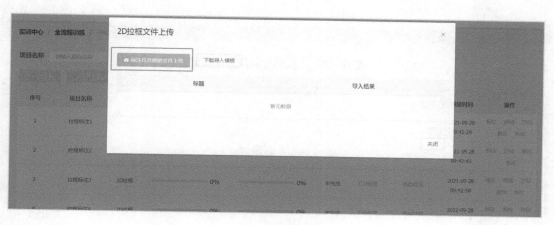

图6-13　【标注数据上传】页面

单击【标注任务原始文件上传】按钮，按照步骤将处理好的待标注数据导入即可，如图6-14所示。

图6-14　【标注任务原始文件上传】按钮

（二）标签及工具配置

项目实施页面上所呈现的标签和工具类型都是通过此环节的配置来完成

的。本书所训练的 4 种标注类型均会涉及标签配置。单击项目后的【工具配置】选项即可进入标签配置页面，填入具体标签信息即可。当然，不同标注类型的标签配置页所涉及的信息是不同的。在项目配置中，除了要配置标签，还需配置标注工具。例如，2D 拉框标注需要选择框线形状是多边形还是矩形。各项目配置页面如图 6-15 至图 6-18 所示。

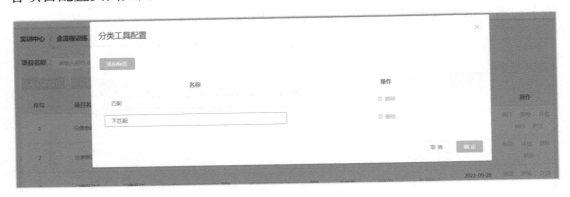

图 6-15　【分类工具配置】页面

图 6-16　【实体工具配置】页面

图 6-17　【语音工具配置】页面

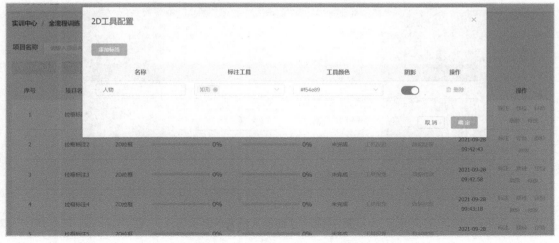

图6-18　【2D工具配置】页面

（三）人员配置

一般来说，标注项目的配置不仅涉及标签工具的配置，还涉及参与项目人员的配置。人员配置主要包括对标注实施人员以及质检人员的配置。本实训平台对标注流程进行了简化，仅允许将本人配置成数据标注人员和质检人员，所以特将人员配置一项设置到项目创建环节中。

在【新建项目】页面，有【标注人员】选项，可以在该位置选择要配置的标注人员，如图6-19所示。

图6-19　【标注人员】选项

在新建项目时，除了可配置数据标注人员以外，还可以配置质检人员，如图6-20所示。

图6-20 【质检人员】选项

在新建项目时，可根据具体情况来决定是否需要设置质检环节。如无须质检，可调节【质检环节】选项的开关按钮，将质检环节关闭，此时不会显示质检人员的配置项，如图6-21所示。

图6-21 关闭【质检环节】按钮

6.2.6 标注实施

标注实施包括标注和质检两部分。需要注意的是，质检并不是全流程项目训练中必要的流程，这主要取决于对流程的设置。如在项目创建时开启了质检，则需要质检过程；如不开启，则标注完成后直接导出结果即可。系统中进入标注实施的流程如下：

在全流程项目列表页面找到已创建的项目，单击【标注】按钮，进入标注实施页面，如图 6-22 所示。

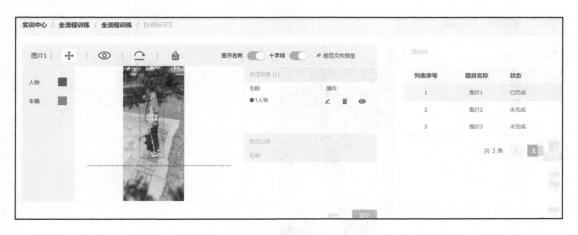

图 6-22　标注实施页面

进入标注实施页面后的具体标注操作步骤在前文中已经详细说明，这里不再详述。

质检的进入流程与标注相似，即在全流程项目列表页面找到已创建好的项目，单击【质检】选项，如图 6-23 所示，即可进入质检页面。需要注意的是，质检页面必须在有题目标注完成之后才能进入。

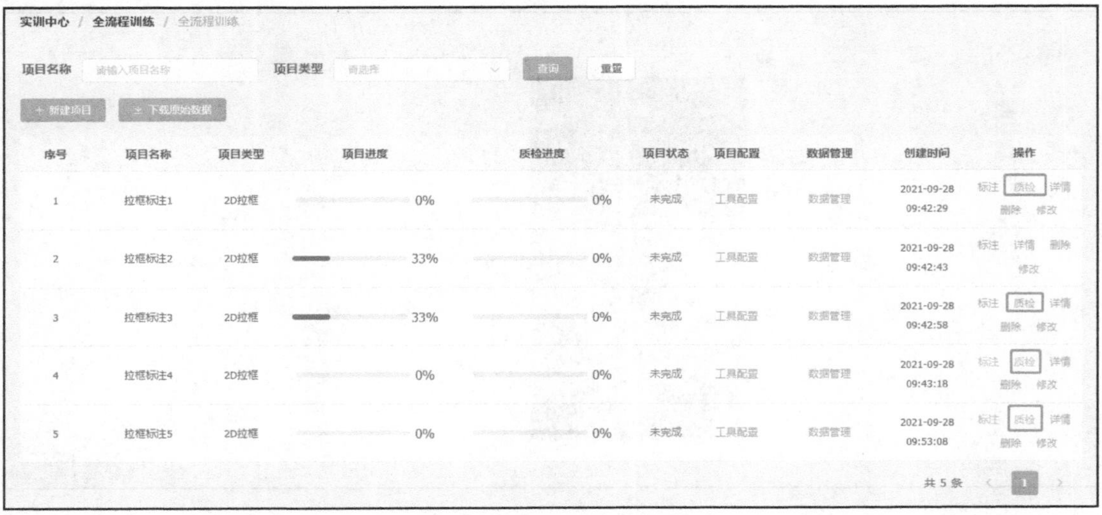

图 6-23　质检进入按钮

质检页面与标注页面相似，其基本操作也相似。与标注页面相比质检页面的不同之处在于，质检页面所显示的任务是带有原始标注结果的；另外，在质检环节还需要对原始标注结果做出评价和反馈，如图 6-24 所示。

图 6-24　质检实施页面

图 6-24 所示为质检实施页面，由图可见，页面上已显示了标注环节给出的初始标注结果。质检过程中，首先需要判断该条给出的标注结果是否正确，如果正确，单击【通过】按钮即可，如图 6-25 所示。

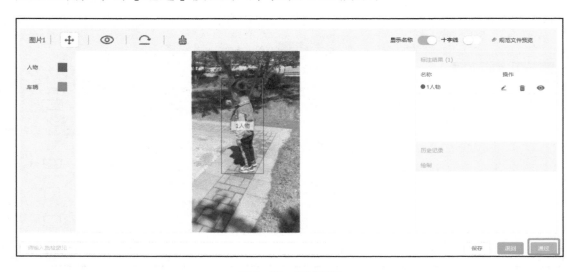

图 6-25　通过质检

如果结果有严重错误，则单击【退回】按钮，并在退回意见处添加意见反馈；如果结果问题不大，也可以直接在页面上将原始结果取消后再进行修改，如图 6-26 所示。

图 6-26　退回质检结果并添加备注

6.2.7　标注结果导出

项目实施完成，要将标注结果从系统中导出，操作步骤如下：

单击进入项目列表页面→找到已创建的项目，单击【数据管理】→【结果导出】选项，如图 6-27 所示。

图 6-27　导出标注结果

6.3 全流程标注项目案例演示

为了使学习者对全流程项目训练的流程更加清晰，本节特以实体标注任务为例来进行全流程项目演示。具体操作如下：

（一）查看任务要求

进入实训中心页面，找到【全流程项目实体训练】选项→将鼠标光标定位到任务模块页面❶图标上，呈现出任务描述信息如下：

本任务要求创建全流程实体标注项目，原始数据和标注规范可通过项目列表页面的【下载原始数据】按钮进行下载，本任务要求设置质检环节，请在 15 日前完成任务，如图 6-28 所示。

图 6-28　查看任务要求并进入全流程项目实体标注训练

（二）创建项目

在相应任务模块上单击【进入学习】→【新建项目】→在项目创建页面填入信息，如图 6-29 所示。

图 6-29　创建实体标注项目

（三）下载原始数据和规范

创建项目后，单击项目列表页面的【下载原始数据】按钮来下载待标注的原始数据和规范，如图6-30所示。

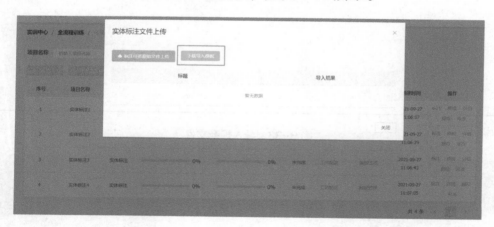

图6-30 下载原始数据和规范

单击所创建项目中的【数据管理】→【标注数据上传】→在导入页面找到模板，单击【导入模板】按钮下载模板，如图6-31所示。

图6-31 【下载导入模板】页面

（四）导入待标注数据

系统外，按照系统下载的模板处理数据。然后在系统内将处理完成的数据导入系统。操作步骤为：单击所创建项目中的【数据管理】→【标注数据上传】→在数据上传页面单击【标注任务原始文件上传】按钮，如图 6-32 所示，选择待导入数据，单击【确定】按钮。

图 6-32 导入待标数据

（五）导入规范文件

单击所创建项目中的【数据管理】→【规范文件上传】，进入规范上传页面，单击【规范文件上传】按钮，选择待导入的规范文件上传，如图 6-33 和图 6-34 所示。

图 6-33 导入规范文件

图 6-34 规范文件上传

（六）配置工具

在新创建的项目中，单击【工具配置】按钮进入实体标签配置页面，单击

【添加标签】按钮并填写相应的标签名称，同时选择标签颜色，如图6-35所示。

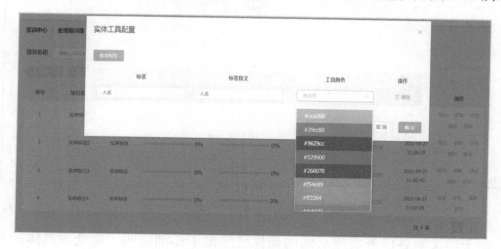

图6-35 实体标签配置

（七）配置人员

由于本环节仅针对个人进行全流程训练，因此对人员配置流程进行了简化，将人员配置与新建项目相融合。在新建项目时，学习者可将自己配置为数据标注人员和质检人员，如图6-36所示。

图6-36 在新建项目中配置人员

（八）标注实施

项目配置完成后，即可进入实体标注页面进行标注。单击新创建项目后的【标注】按钮，如图6-37所示。

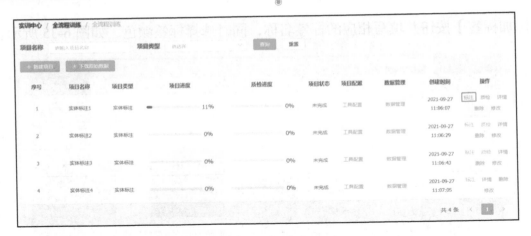

图 6-37　全流程实体标注项目标注入口

　　由于前文对各任务实施页面的操作已经做了详细说明，此处对具体的步骤不再详述。

（九）质检实施

　　标注环节完成后，需要对上述标注完成的任务进行质检，具体步骤为：单击所创建项目后的【质检】按钮，进入质检实施页面，如图 6-38 所示。

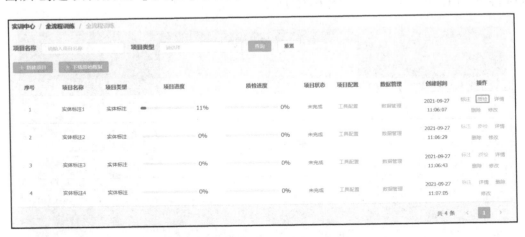

图 6-38　全流程实体标注项目质检入口

　　质检页面的操作，上文已经做了详细说明，此处也不再详述。

（十）结果导出

　　项目实施完成后，需要从系统中导出结果。单击所创建项目后的【数据管理】→选择下拉列表框中的【结果导出】选项，如图 6-39 所示。

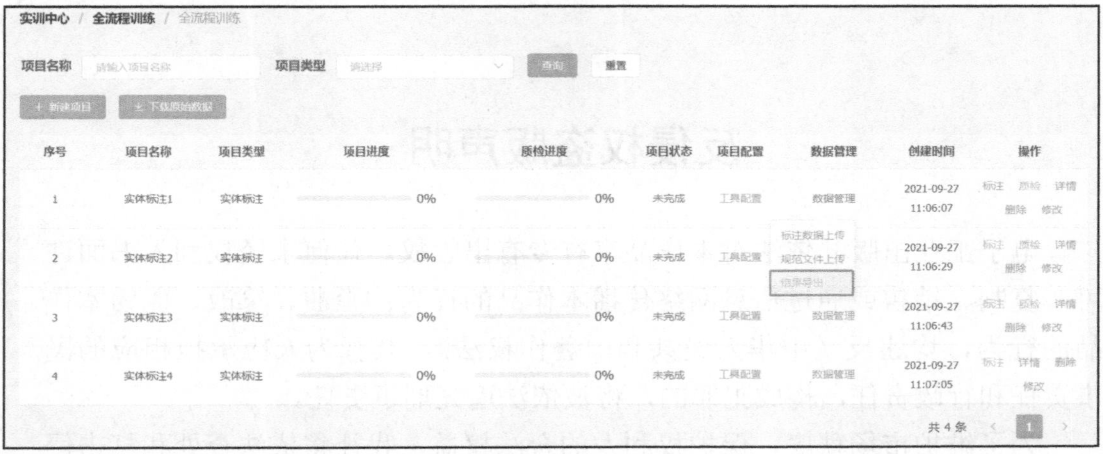

图 6-39 导出标注结果

以上仅是针对实体标注任务做的全流程项目演示，希望学习者能够通过对这一案例的学习举一反三，能够独立完成其他标注类型的全流程操作。

6.4 实训习题

请按照案例演示所给的步骤思考，完成下列全流程项目的创建，写出执行步骤即可。

（1）请设计一个全流程分类标注项目，项目规范及待标注数据请到新建项目页下载。在规范中规定的标注标签包括 0 和 1，需要设置质检环节。

（2）请设计一个全流程语音转写标注项目，项目规范及待标注数据请到新建项目页下载。在规范中规定需要标注单个语音片段的类别，不需要设置质检环节。

（3）请设计一个全流程 2D 拉框标注项目，项目规范及待标注数据请到新建项目页下载。在规范中规定需要拉框的目标包括人物和车辆，需要设置质检环节。